移動通信ネットワーク技術

Mobile Network Technologies

工学博士 薮崎正実 著

社団法人 電子情報通信学会編

まえがき

　世界の携帯電話加入者数は16億に到達した．ほぼ，世界総人口の4分の1程度である．我が国の加入者数は9,000万に達しようとしており，日本の人口の4分の3程度にまで浸透している．我が国の公衆移動通信は1979年に自動車電話としてサービスが開始されて以来，四半世紀の間，ほぼ10年ごとに世代移行が図られ，大きな成長と変革を遂げてきている．1980年代の第1世代移動通信では，"いつでも"，"どこでも"通信を行えることを目指し，移動通信ユーザが全国どこに移動していても，その場所を知ることなく電話がつながるようになった．1990年代の第2世代移動通信では，ファクシミリやモデム通信などに続いて，携帯端末からインターネットアクセスが可能となり，マルチメディア移動通信サービスの幕が開けられた．そして，2001年世界に先駆けて国際標準IMT (International Mobile Telecommunications)-2000に基づく第3世代移動通信システムが商用化され，移動通信サービスが国際化されようとしている．この第3世代システムの更なる無線アクセス高速化の開発が進められる一方，2010年代初頭の商用化を目指した第4世代移動通信の研究が鋭意進められている．

　本書は，この公衆移動通信サービスを支える移動通信ネットワーク技術を包括的に取り扱う．特に，第3世代移動通信ネットワーク技術に基づいたネットワークアーキテクチャとその制御方式に主眼を置いている．

　第1章では，移動通信ネットワークの定義を行い，その3大基本技術（位置登録，一斉呼出，ハンドオーバ），我が国における移動通信ネットワークの変遷について概説する．第2章では，電話のように連続的に発生する通信データを，その通信品質を保持して運ぶ回線交換ネットワークアーキテクチャと，発着信，

移動管理技術について述べる．第3章では，インターネットアクセスのように，非対称，非即時性，間欠伝達トラヒックに対して，一部ずつデータを伝達するパケット交換ネットワークアーキテクチャと，発着信，移動管理技術について述べる．第4章では，移動通信ネットワークのマルチメディア制御技術として，音声符号変換制御，マルチコール制御，回線交換とパケット交換の連結移動管理，及びマルチメディア伝達制御について述べる．第5章では，移動端末に割り当てられる番号と識別子の構成とその役割について述べる．第6章では，移動通信ネットワークに対するセキュリティ脅威を分析し，そのセキュリティ脅威に対するネットワークアーキテクチャと，制御技術について述べる．第7章では，移動特有ネットワークサービス制御として，仮想ホーム環境サービス制御，ロケーションサービス制御，放送・同報サービス制御，及びメッセージサービス制御について述べる．第8章では，移動通信ネットワークの各インタフェースにおける信号方式について述べる．第9章では，移動通信ネットワーク内の主要ノードである交換機とロケーションレジスタの装置及びソフトウェア構造について述べる．第10章では，標準化の目的と信号プロトコル標準の基本的な作成手法，国内外の標準化機関の構成と所掌範囲について述べる．第11章では，移動通信ネットワークのIP化として，回線交換ネットワークのIP化，リアルタイムマルチメディアサービスを提供するIP Multimedia Subsystem，更に，完全IP化を目標としたAll-IP移動通信ネットワークとそのIP移動管理技術について述べる．第12章では，第4世代移動通信システム，ユビキタスネットワークにおける将来移動通信ネットワークの役割について述べる．

"アーキテクチャ"とは日本語では"建築"を意味し，"美"が求められる．移動通信ネットワークアーキテクチャにおける"美"は，ネットワーク内のノード及び移動端末に効果的に機能を分担し，それらが連携調和することによって表現される．そして，移動通信ユーザの位置を常時管理し，要求された通信品質で最小限のコスト，最大限のスループットでサービスを提供することができ，更に，新しいサービスを提供する場合に最小限の機能追加で実現できるアーキテクチャが，"美しい移動通信ネットワークアーキテクチャ"である．移動通信ネットワークは10年から20年以上もの間存在し続けるものであるから，健全に発展成長させていくために，アーキテクチャのデザインにあたっては慎重

まえがき

に，そして将来展望をもって行う必要がある．本書により，これからの移動通信ネットワークを担うエンジニアの方々が移動通信ネットワークアーキテクチャの本質を習得でき，移動通信ネットワークの更なる発展に寄与することができれば，幸甚である．

2005年5月

工学博士　薮崎　正実

目　　次

第1章　概　　説
1.1　移動通信ネットワークとは？ ……………………………………………………1
1.2　移動通信ネットワーク基本技術 …………………………………………………4
　1.2.1　位　置　登　録 ……………………………………………………………4
　1.2.2　一　斉　呼　出 ……………………………………………………………5
　1.2.3　ハンドオーバ ………………………………………………………………6
1.3　移動通信ネットワークの変遷 ……………………………………………………7

第2章　回線交換ネットワーク
2.1　回線交換とは？ ……………………………………………………………………13
2.2　回線交換ネットワークアーキテクチャ …………………………………………15
2.3　回線交換発着信制御 ………………………………………………………………17
2.4　回線交換移動管理 …………………………………………………………………21
　2.4.1　位置登録制御 ………………………………………………………………21
　2.4.2　ハンドオーバ制御 …………………………………………………………23
2.5　相互接続ネットワークモデル ……………………………………………………25

第3章　パケット交換ネットワーク
3.1　パケット交換とは？ ………………………………………………………………30
3.2　パケット交換ネットワークアーキテクチャ ……………………………………31
3.3　パケット交換発着信制御 …………………………………………………………34

3.4 パケット交換移動管理 …………………………………………37
　3.4.1 位置登録制御 ……………………………………………37
　3.4.2 ハンドオーバ制御 ………………………………………39
3.5 モバイルインターネットアクセス …………………………43

第4章　マルチメディアネットワーク制御技術

4.1 音声符号変換制御 ……………………………………………45
4.2 マルチコール制御 ……………………………………………49
4.3 回線交換とパケット交換の連結移動管理 …………………50
4.4 マルチメディア伝達制御 ……………………………………53

第5章　移動端末番号と識別子

5.1 移動端末番号と識別子の関係 ………………………………57
5.2 移動端末番号 …………………………………………………58
　5.2.1 番号構成 …………………………………………………58
　5.2.2 日本における番号体系の変遷 …………………………59
　5.2.3 諸外国における番号体系 ………………………………61
5.3 ローミング番号 ………………………………………………62
5.4 移動端末識別子 ………………………………………………63
5.5 移動端末装置識別子 …………………………………………64

第6章　ネットワークセキュリティ技術

6.1 セキュリティ脅威 ……………………………………………66
6.2 セキュリティネットワークアーキテクチャ ………………68
6.3 識別子機密 ……………………………………………………71
6.4 認　　証 ………………………………………………………72
6.5 秘　　匿 ………………………………………………………76
6.6 インテグリティ ………………………………………………78

第7章　ネットワークサービス制御技術

7.1　仮想ホーム環境サービス制御 …………………………………………80
7.2　ロケーションサービス制御 ……………………………………………84
7.3　放送・同報サービス制御 ………………………………………………87
7.4　メッセージサービス制御 ………………………………………………95

第8章　信 号 方 式

8.1　信号方式とは？ …………………………………………………………101
8.2　移動通信ネットワークの信号インタフェース ………………………103
8.3　無線インタフェース信号方式 …………………………………………104
8.4　RNS-CN間インタフェース信号方式 …………………………………107
　8.4.1　RNS-回線交換CN間インタフェース信号方式 ………………107
　8.4.2　RNS-パケットCN間インタフェース信号方式 ………………108
8.5　CN内インタフェース信号方式 ………………………………………109
　8.5.1　回線交換機間インタフェース信号方式 ………………………110
　8.5.2　パケット交換機間インタフェース信号方式 …………………110
　8.5.3　HSS-交換機間インタフェース信号方式 ………………………111
　8.5.4　SCF-交換機間インタフェース信号方式 ………………………112

第9章　網装置とソフトウェア

9.1　交 換 機 …………………………………………………………………114
　9.1.1　ATM交換機装置構成 ……………………………………………114
　9.1.2　ATM交換機ソフトウェア構成 …………………………………117
9.2　HSS …………………………………………………………………………119
　9.2.1　HSS装置構成 ………………………………………………………119
　9.2.2　HSSソフトウェア構成 ……………………………………………120

第10章 標 準 化

10.1 標準化の目的 ……………………………………………………… 122
10.2 ネットワーク標準作成手法 ………………………………………… 123
10.3 国内標準化機関 ……………………………………………………… 125
   10.3.1 TTC …………………………………………………………… 126
   10.3.2 ARIB …………………………………………………………… 127
10.4 国際標準化機関 ……………………………………………………… 128
   10.4.1 ITU ……………………………………………………………… 128
   10.4.2 3GPP …………………………………………………………… 130
   10.4.3 OMA …………………………………………………………… 132
   10.4.4 IETF …………………………………………………………… 133

第11章 IP移動通信ネットワーク

11.1 インターネットとIP ………………………………………………… 135
11.2 回線交換コアネットワークのIP化 ………………………………… 137
11.3 IPリアルタイムマルチメディアサービス制御 …………………… 139
11.4 All-IP移動通信ネットワーク ……………………………………… 144
11.5 IP移動管理技術 ……………………………………………………… 145

第12章 移動通信ネットワークの将来

12.1 第4世代移動通信ネットワーク …………………………………… 149
12.2 モバイルユビキタスネットワーク ………………………………… 154

あ と が き ……………………………………………………………… 161

索　　　引 ……………………………………………………………… 163

第1章

概　説

　本章では，まず，そもそも移動通信ネットワークとは何か，その定義から始める．次に，移動通信ネットワークの3大基本技術である，位置登録，一斉呼出，及びハンドオーバについて説明する．更に，我が国において，移動通信ネットワークが第1世代から第3世代までどのように変遷してきたかについて概説する．

1.1　移動通信ネットワークとは？

　移動通信ネットワークとは，ユーザが"いつでも"，"どこでも"通信を行えることを可能とする媒体である．ユーザとは人間のみを指すのではなく，広義に通信を享受する実体（人間，動物，機械など）すべてを指す．

　固定通信では，ユーザの通信端末への物理的に配置された通信線各々に番号を割り当てる．通信線は，電線でも電波でもよい．ユーザは，通信したい相手のユーザに固定的に割り当てられた通信線の番号を指定する．固定通信ネットワークは，その通信元及び通信先のユーザの通信線を接続する．

　これに対して，移動通信では，ユーザ自身に番号を割り当てる．ユーザは，通信したい相手ユーザの番号を指定する．移動通信ネットワークは，通信元ユーザの通信線を定め，通信先のユーザの居場所を探してその通信線を定め，両者の通信線を接続する．通信要求のつど，全世界中から通信先のユーザの居場所を探すのでは通信開始に莫大な時間を要するため，移動通信ネットワ

ークは，ユーザの居場所を常時管理する．更に，移動通信ネットワークは，ユーザが通信中に移動しても通信線を変更することにより通信を継続させる．

哲学的であるが，"固定"状態は，"移動"状態の一特異状態である．移動通信ネットワーク機能は，固定ネットワーク機能を包含する．移動通信ネットワークは，通信線を半永久的に固定してもユーザが自身に割り当てられた番号を用いて通信を行うことを可能とするが，通信線に番号を割り当てる固定通信ネットワークでは，移動するユーザ各々を特定した通信は不可能である．

通信線は電線より電波のほうが使い勝手が良い．家の中でも電線に接続された端末まで行って通信を行うより，居間でも書斎でも自分の居場所で通信を行える無線通信のほうが便利である．その端末を外に持ち運んでどこででも自由に通信を行いたいというのは，自然な欲望である．このように無線通信端末を持ち歩いてユーザに割り当てた番号を持って通信を行う能力を「端末移動能力（Terminal Mobility）」と呼ぶ．一方，通信線に接続された端末からユーザに割り当てた番号を持って通信を行う能力を「個人移動能力（Personal Mobility）」と呼ぶ．端末移動能力と個人移動能力の関係を図**1.1**に示す[1]．両者は排他的な関係にあるのではなく，個人移動能力は，移動する無線通信端末をも含んで様々な通信端末を渡り歩きながら通信を行う能力であるといえる．現在，一般的に移動通信と称した場合，端末移動能力を指しており，本書でも，この端末移動能力を管理する移動通信ネットワーク技術を中心に述べる．ただし，移動通信無線技術そのものに関してはこれまで

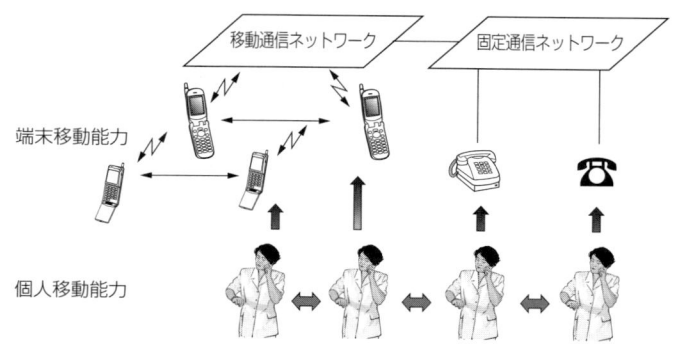

図**1.1**　端末移動能力と個人移動能力

多くの優れた著書があるので，そちらを参照して頂きたい[2]-[9]．

移動通信システムでは，ユーザが通信を可能とするサービスエリアは，図1.2に示すように，各無線基地局が電波を送信する範囲（無線ゾーン）で区切られる．移動通信ネットワークは，ユーザの存在する無線ゾーンを特定する能力が必要である．また，ユーザが，通信中に，ある無線ゾーンから別の無線ゾーンに移動した場合にも，通信を継続する能力も必要である．

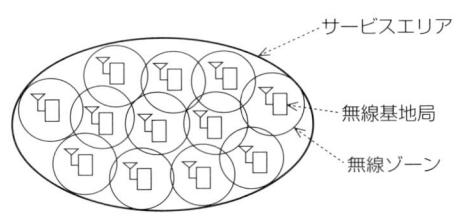

図1.2　移動通信サービスエリアと無線ゾーン

移動通信ネットワークの一般的な基本構成は，図1.3のとおりである．移動通信ネットワークは，物理的に分散配備され互いに伝送路を持って接続されたスイッチ群と，ユーザの位置を管理するロケーションレジスタ，更に，ユーザの移動無線通信端末との間で無線によりデータを送受するための複数の無線基地局で構成される．

あるユーザの移動無線通信端末から送信されたデータは，そのユーザの存在する場所をカバーする無線ゾーンに備えられた無線基地局で受信され，まず近傍のスイッチまで送られる．そのスイッチから，その通信先ユーザの番号をもとにロケーションレジスタでその存在位置を求めて，その通信先ユー

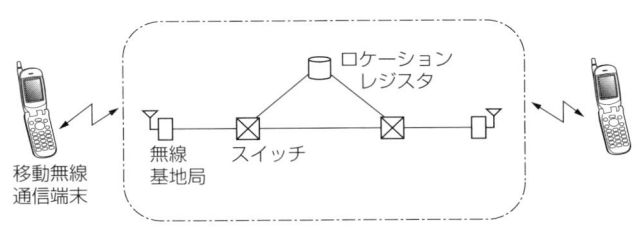

図1.3　移動通信ネットワーク基本構成

ザの存在位置付近にあるスイッチまでユーザのデータが運ばれる．そのスイッチから更に通信先ユーザの存在する場所をカバーする無線ゾーンに備えられた無線基地局まで送られ，無線を通して通信先ユーザの移動無線通信端末まで届けられる．

ユーザの位置を常時管理し，その位置まで要求された通信品質でいかに効率良くデータを伝達できるかどうかが，移動通信ネットワーク技術の主要課題である．

1.2 移動通信ネットワーク基本技術

移動通信ネットワークでは，ユーザの存在する無線ゾーンを管理する技術（位置登録），ユーザの存在する無線ゾーンを特定する技術（一斉呼出），及びユーザが通信中にある無線ゾーンから別の無線ゾーンに移動しても通信を継続する技術（ハンドオーバ）が必須である．

1.2.1 位置登録

無線周波数を最大限有効利用して多くのユーザが通信できるようにするために，移動通信システムではサービスエリアを莫大な数の隣接する無線ゾーンで分割する．我が国においては，無線ゾーンの半径はおおよそ，人口の密集する都市部では500 m程度，過疎地域においても2～3 km程度であり，日本全国でサービスを提供するために，おおよそ1万～1.5万ゾーン程度を有する．この莫大な数の無線ゾーンのうちの一つの無線ゾーンに存在する移動通信ユーザに通信を行うために，1ゾーンずつ目的の移動通信ユーザがいるかどうか調べたのでは，通信を開始するまでに非常に多くの時間を要する．また，確率的には無線ゾーン数の1/2の回数だけ調べなければならず，無線区間におけるその制御信号の送受はむだが多い．

そこで，ユーザがある無線ゾーンから別の無線ゾーンに移動するごとに，その移動先の無線ゾーンに存在することを移動通信ネットワーク内のロケーションレジスタに登録しておくことが考えられる．こうすることにより，そのユーザに通信を行う場合には，ネットワークはそのユーザへの通信データをロケーションレジスタに登録された無線ゾーンに運ぶだけでよい．しかし，この場合，無線区間において頻繁に登録制御信号が送受されることになり，

やはり無線周波数の有効利用の観点からむだが多い．

そこで，ユーザの存在する無線ゾーンを調べる制御回数と無線ゾーンの位置を登録する制御回数のトレードオフを図るために，図**1.4**に示すように，複数の無線ゾーンをグループ化した論理的なエリア（位置登録エリア）を構成する．そして，ユーザがある位置登録エリアから別の位置登録エリアに移動したときに，その移動先の位置登録エリアに存在することをロケーションレジスタに登録しておく．図1.4の例では，ユーザαが，無線ゾーン2から無線ゾーン3に移動したときに，位置登録エリアAから位置登録エリアBに移動するので，ロケーションレジスタに位置登録を行う．無線ゾーン1から無線ゾーン2への移動時には位置登録エリアA内の移動であるため，位置登録は行わない．同様に，無線ゾーン3から無線ゾーン4への移動時には位置登録エリアB内の移動であるため，位置登録は行わない．

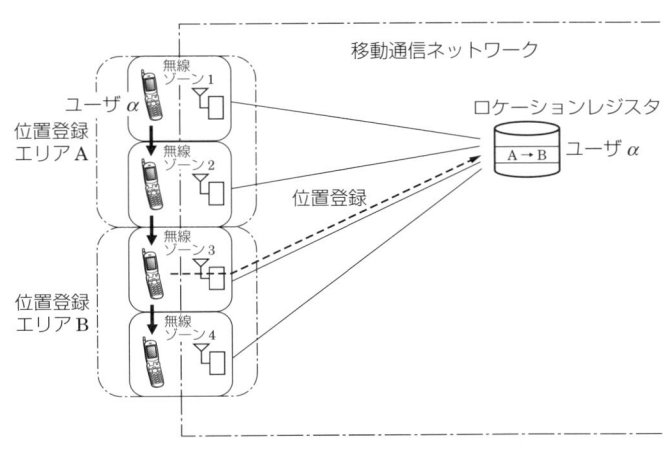

図**1.4** 位置登録

1.2.2 一斉呼出

前項で述べたような位置登録エリア情報をロケーションレジスタに登録した場合には，目的のユーザに通信を行う場合，ロケーションレジスタに登録された情報のみではユーザの存在する無線ゾーンを特定できない．そこで，図**1.5**に示すように，ロケーションレジスタの位置登録エリア情報に基づき，

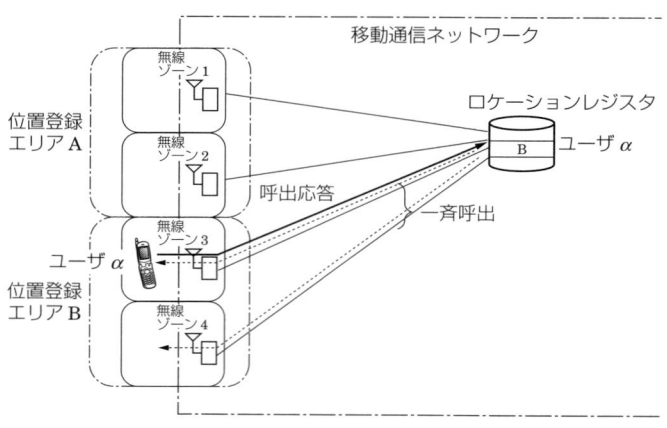

図1.5　一斉呼出

その位置登録エリア内のすべての無線ゾーンにおいて一斉に目的のユーザの呼出しを行う．そして，実際に存在する無線ゾーンから応答確認した後に，そのユーザへの通信データをその無線ゾーンまで運ぶ．図1.5の例では，ロケーションレジスタには，ユーザαの存在する位置登録エリアとして位置登録エリアBが登録されているので，その位置登録エリアに含まれる無線ゾーン3と無線ゾーン4に対して一斉呼出を行う．ユーザαは無線ゾーン3に存在するから，無線ゾーン3から応答する．

このように，位置登録と一斉呼出の制御負荷は反比例の関係にある．すなわち，位置登録エリアを小さくすると，一斉呼出の制御負荷は減少するが位置登録制御負荷が増加する．位置登録エリアを大きくすると，位置登録制御負荷は減少するが一斉呼出制御負荷が増加する．実際の商用システムでは，位置登録エリア内の無線ゾーン数は数十ゾーン程度であり，都心部のようにゾーン内のトラヒックが多くなるほど，収容ゾーン数は減少する．

なお，本章では，位置登録と一斉呼出の原理を説明するために位置管理を概念的に示したが，実際の大規模商用システムでは次章以降で述べるように位置を階層化して管理される．

1.2.3　ハンドオーバ

サービスエリアを無線ゾーンで区切られる移動通信システムでは，図1.6に

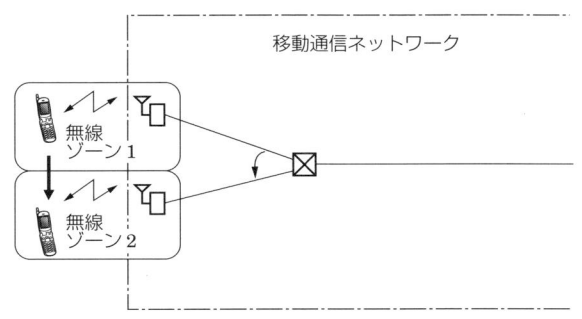

図1.6　ハンドオーバ

示すように，ユーザが通信中にある無線ゾーンから別の無線ゾーンに移動する場合が想定される．この通信中に無線ゾーンを変更した場合にもユーザの通信を継続させる技術が，ハンドオーバである．電話中にこのハンドオーバにより通信が途切れると，雑音を発生したり，無音を生じたりすることになる．

これまで様々なハンドオーバ方式が考案されているが，一般に，ハンドオーバの時間を短縮するためには，ユーザがある無線ゾーンからほかの無線ゾーンに移動しようとする際にあらかじめ移動先の無線ゾーンで通信データを送受できるように無線回線を設定しておき，移動した瞬間にその無線回線に切り換えて，もとの無線回線を切断するという手法がとられる．このハンドオーバに際しての瞬断時間を短縮するための技術革新が進められ，現在はほぼ無瞬断でハンドオーバが実現できるようになっている[10]．

1.3　移動通信ネットワークの変遷

我が国の公衆移動通信は，自動車電話として1979年にサービスが開始された[11]．当初は，日本全国に張り巡らされた固定電話ネットワークに，移動通信スイッチ（自動車電話交換機）及び無線基地局を接続した構成をとった．端末移動能力は限定され，ユーザは契約時に指定された一つの移動通信スイッチ配下の無線基地局群のカバーする限定された無線ゾーン内でのみ，通話が可能であった．例えば，東京のユーザが大阪に移動しても通話はできなかったのである．

その後，端末移動能力は向上され，1984年にはユーザが全国どこに移動し

ても通話が可能となった．それでも，移動通信ユーザに通話する際に，そのユーザが契約した地域を離れて移動している場合には，その移動先の地域識別番号を持ってダイヤルしなければならなかった．例えば，東京のユーザに東京の識別番号を用いて電話した場合，もしもそのユーザが大阪に移動していた場合には，移動通信スイッチからその移動通信ユーザが大阪にいる旨がアナウンスされた．この場合には，大阪の識別番号を用いて再度電話を掛け直していたのである．

サービス開始以来10年を迎えるころの1988年になってようやく，ユーザが全国どこに移動していても，その場所を知ることなく，移動通信ユーザに電話がつながるようになった[12]（厳密には，第5章で述べるように，ダイヤルした地域と移動通信ユーザの存在する地域の距離が一定以上離れている場合には料金が異なったため，その距離用の移動端末番号のコードと実際にダイヤルしたコードが異なる場合には，適切なコードを持って掛け直すことが必要であった）．

その後，固定通信事業者から移動通信事業部門が分離し，また，新たな複数の移動通信事業者も設立され，各移動通信事業者が独立の移動通信ネットワークを形成するようになった．このころまでは，移動無線通信端末と無線基地局の間の無線区間においてアナログ無線方式が採用され，第1世代移動通信システムと分類された．この日本における第1世代移動通信システムは，MCS（Mobile Communications System）と呼ばれた．

1993年には，ディジタル無線方式を採用する第2世代移動通信システムが商用化された[13], [14]．無線区間がディジタル化されることにより，音声の品質が向上し，ファクシミリやモデム通信などのいわゆる非電話通信サービスが提供されるようになった．また，暗号技術を用いてユーザの認証を行う，通信データに秘匿制御を施すなど，セキュリティが向上された．特にネットワークの観点から特筆すべき点は，第1世代システムでは移動通信事業者ごとに異なった方式を採用していたのに対し，この第2世代システムにおいて国内全事業者共通仕様のPDC（Personal Digital Cellular）方式が作成されたことである．これによって，ユーザは日本国内において自分の契約する事業者のサービスエリアから他事業者のサービスエリアに移動（ローミング）

しても通信することが可能になった．

　この時点までの移動通信ネットワークは，第2章で詳述するように，音声のように一定期間継続的に流れる情報を運ぶ回線を確保する，いわゆる回線交換ネットワークであった．この回線交換型の通信サービスでは，その回線を確保している時間単位で料金が計算される．このような回線交換ネットワークは，電子メールやインターネットを通したコンテンツ閲覧のように，回線を確保している時間に対して実際に流れる情報が小さいような離散的情報伝送では料金が割高になり不適当である．そこで，第3章で詳述するように，情報が情報源から発出されるごとに，その情報の宛先の付けられた小包（パケット）にまとめて運ぶパケット交換ネットワークが開発された[15]．このパケット交換型の通信サービスでは，パケット単位で料金が計算される．

　一方，欧米においても同様に1990年代になって第2世代移動通信システムが商用化された（図1.7）．欧州においては，第1世代では，NMT（Nordic Mobile Telephone），TACS（Total Access Communication System）など，各国で異なる複数のシステムが採用されていたが，欧州内のローミングを目的としたネットワーク標準GSM（Global System for Mobile communications）が仕様化された[16]．米国においても，第1世代システムAMPS（Advanced Mobile Phone Service）の経験に基づいて，第2世代において米国内及び隣接国とのローミングを目的としたネットワーク標準ANSI（American National

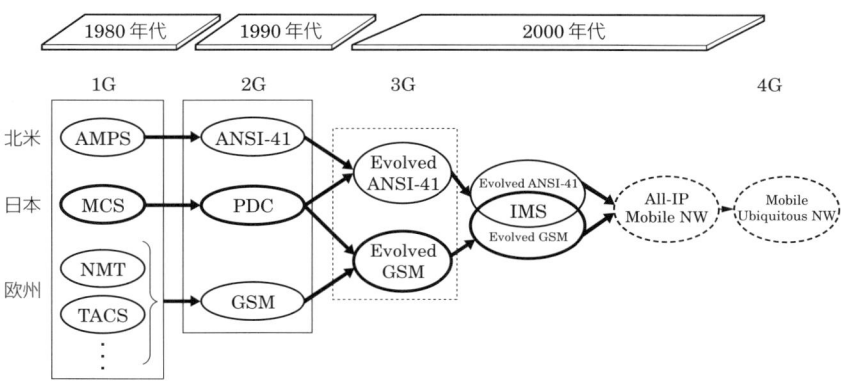

図1.7　移動通信ネットワーク標準の変遷

Standards Institute) - 41が仕様化された[17]．このように，第2世代移動通信システムでは，日米欧で異なるネットワーク標準が仕様化されたのである．欧米標準はほかの地域でも徐々に浸透していったのに対し，残念ながら日本標準PDCは国内に留まった．

この第2世代移動通信システムが商用化されると，我が国においてもサービスエリアの拡大，端末の小型化，バッテリ長時間化，料金の値下げなどにより，図1.8に示すように指数関数的に移動通信ユーザ数が増加していった．

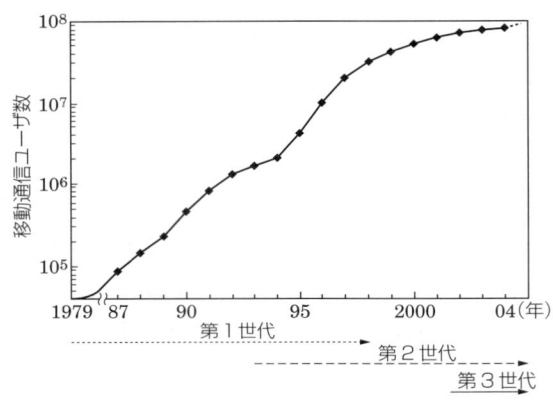

図1.8　我が国における移動通信ユーザ数の伸び

我が国においてこのユーザ増加の勢いのままで進むと，2000年ころには周波数が不足することが懸念され始めた．そこで，第10章で述べるように，国際的にどこにでもローミングを可能とすることを目的とした第3世代移動通信システムFPLMTS（Future Public Land Mobile Telecommunication Systems）の標準化が国際標準化機関ITU（International Telecommunication Union）で行われた．

この国際標準FPLMTSは，後にIMT（International Mobile Telecommunications)-2000と改称された．特筆すべき点は，唯一の国際標準を目指すのではなく，同等の能力を実現する複数の標準を策定する概念（IMT-2000ファミリコンセプト）を国際的に合意したことである．国際市場の第3世代移動通信システムに対する基本的な要求は，ネットワークは第2世

代ネットワークからの発展形態をとり,より高速な新しい無線アクセスシステムを収容して新しいサービスを提供することであった.我が国では,PDCネットワークを第3世代ネットワーク標準として継承することを断念した結果,GSM及びANSI-41が第3世代ネットワーク標準のベースとして採用された.2001年,我が国は世界に先駆けてこの第3世代システムを商用化し,徐々に国内移動通信市場は第2世代サービスから第3世代サービスに移行しつつある.

本書は,この第3世代移動通信システムで採用されているGSMから発展したネットワークを中心に,移動通信ネットワーク技術について第2章から第10章にかけて述べる.

現在,移動通信ネットワークは,図1.7に示したように,更に,IP (Internet Protocol) 技術に基づくIMS (IP Multimedia Subsystem) を付加し,All-IP移動通信ネットワーク,地球上に遍在する莫大な数の端末を収容する移動ユビキタスネットワーク形成に向けて発展しようとしている.本書ではこれらの移動通信ネットワーク技術の更なる発展と将来展望についても第11章,第12章で述べる.

参 考 文 献

(1) M. Yabusaki and A. Nakajima, "Network issues for universal mobility," IEICE Trans. Fundamentals, vol. E78-A, no. 7, pp. 764-772, July 1995.
(2) 桑原守二,"自動車電話,"電子通信学会, 1985.
(3) 奥村善久,進士昌明,"移動通信の基礎,"電子通信学会, 1986.
(4) 齋藤忠夫,立川敬二,"移動通信ハンドブック,"オーム社, 1995.
(5) 進士昌明,"移動通信," 丸善, 1989.
(6) 田中良一,"やさしいディジタル移動通信,"電気通信協会, 2001.
(7) 立川敬二,"最新ディジタル移動通信,"科学新聞社, 2002.
(8) 木下耕太,"やさしいIMT-2000,"電気通信協会, 2001.
(9) 立川敬二,"W-CDMA移動通信方式," 丸善, 2001.
(10) 薮崎正実,尾上誠蔵,有田武美,品川準輝,"ディジタル移動通信における無瞬断チャネル切換制御,"信学論 (B-II), vol. J73-B-II, no. 11, pp. 585-594, Nov. 1990.
(11) 倉本實ほか,"移動通信特集,"信学誌, vol. 68, no. 11, pp. 1158-1262, Nov. 1985.
(12) 倉本實ほか,"大容量自動車電話方式,"信学誌, vol.71, no.10, pp. 1011-1022, Oct. 1989.
(13) 進士昌明ほか,"ディジタル自動車電話,"信学誌, vol. 73, no. 8, pp. 800-844, Feb. 1990.
(14) 木下耕太,中島昭久,若尾正義, M. J. McLaughlin, "ディジタル移動通信方式,"信学誌, vol. 77, no. 2, pp. 161-173, Feb. 1994.

(15) 大貫雅史, 小林勝美, 永田清人, 村瀬 淳, "PDCパケット通信方式," 信学誌, vol. 81, no. 3, pp. 253-258, March 1998.
(16) F. Hillebrand, "GSM and UMTS," Wiley, 2002.
(17) R. Snyder and M. Gallagher, "Wireless Telecommunications Networking with ANSI-41," McGrawHill, 2001.

第 2 章

回線交換ネットワーク

　移動通信においてもその主要サービスは電話である．移動通信ネットワークは，その電話通信品質を保持するために，音声符号化速度以上の伝送速度を保ち低遅延で運ぶために回線交換接続を行う．

　本章では，GSMベースの第3世代ネットワークを例にとって，まず，回線交換ネットワークアーキテクチャを示し，そのアーキテクチャに基づく発着信，移動管理技術とそれらの制御手順について述べる．

2.1　回線交換とは？

　図2.1に，移動通信システムにおける回線交換ネットワーク構成を示す．

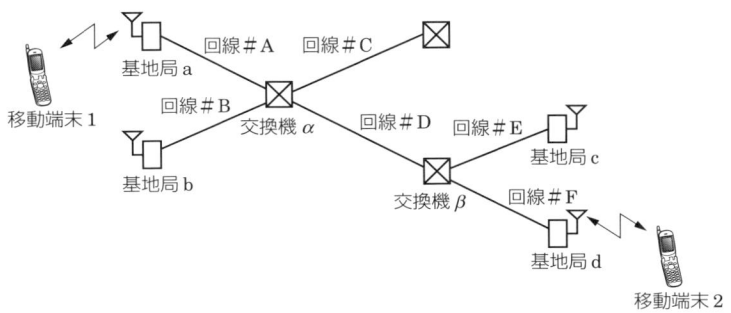

図2.1　移動通信回線交換ネットワーク

基地局と交換機，交換機と交換機を伝送路で接続してネットワークを形成する（第1章にて，無線基地局，スイッチ，移動無線通信端末と称したノードを以降では，単に，基地局，交換機，移動端末と呼ぶ）．

交換機は，通信要求ごとにデータを入出力する伝送路の回線を捕捉する．例えば，図2.1の例では，移動端末1から移動端末2への通信要求があった場合に，交換機αは，基地局aとの間の回線＃Aと交換機βとの間の回線＃Dを交換接続する．更に，交換機βは，回線＃Dと基地局dとの回線＃Fを交換接続する．これらの回線は，通信を切断するまで，この移動端末1と移動端末2の通信のために占有される．このように，回線交換とは，通信に先立って，通信端末間の回線を捕捉し，通信データをネットワーク内の交換機でその捕捉した回線から回線に交換機で交換伝達していく方式である．

伝送路は，図**2.2**に示すように，一定の時間間隔のフレーム内を固定速度の複数回線が時分割多重された構造をとる．通信データは，この時分割された回線に周期的に毎フレーム分割して伝達される．交換機は，ある伝送路の時分割回線から別の伝送路の時分割回線にデータを交換して運ぶ[1]．図2.2の例では，例えば，移動端末1からの通信データXは，基地局aで交換機αに向けて毎フレーム，時分割回線2に乗せて送信する．交換機αでは，この時分割回線2のデータXを，交換機βに向けて毎フレーム，時分割回線1に交換し

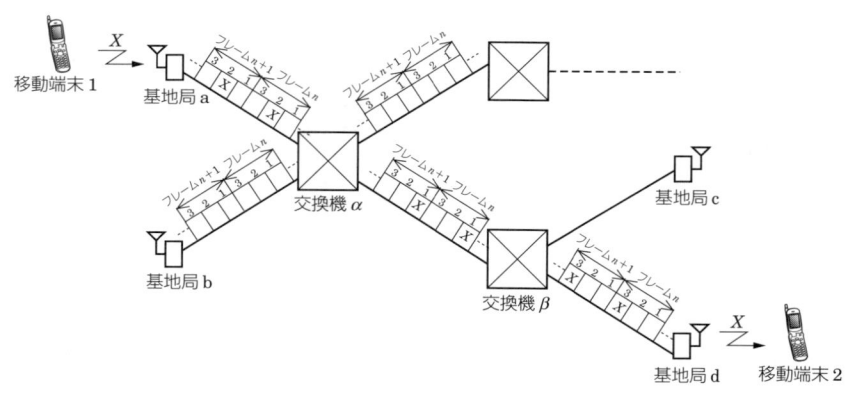

図**2.2** 時分割交換伝達

て伝達する．交換機βでは，この時分割回線1のデータXを，基地局dに向けて毎フレーム，時分割回線3に交換して伝達する．基地局dでは，この時分割回線3のデータXを移動端末2に送信する．

この1時分割回線の速度は，音声をディジタル符号で運ぶために64 kbit/sに設定された．これは，人間の音声帯域が4 kHzで収まることから，ディジタル化のためには標本化定理により8 kHzが必要であり，8ビットで信号を量子化することによる．

更に高速の通信のためにはこの回線を複数捕捉する．例えば，384 kbit/sのテレビ電話やストリーミングビデオを接続するためには，8回線が必要になる．このような交換伝達方式をSTM（Synchronous Transfer Mode）と呼ぶ．これに対して，近年，様々なトラヒックを効率的に伝達するATM（Asynchronous Transfer Mode）が開発されており，4.4節で詳述する．

2.2　回線交換ネットワークアーキテクチャ

移動通信ネットワークは，移動通信制御機能を幾つかのノードに分散して，それらのノード間で連携して通信制御を行う．その各ノードの機能と連携関係を示すものがネットワークアーキテクチャである．図2.3に，移動通信回線交換接続のためのネットワークアーキテクチャを示す．各ノード間は，通信データを運ぶ通信回線と，その制御を行う制御信号リンクで接続される．

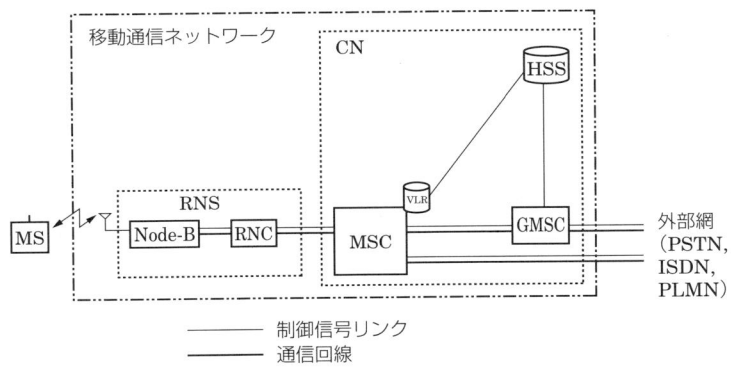

図2.3　移動通信回線交換ネットワークアーキテクチャ

なお，図中の用語は，GSMベースの第3世代移動通信ネットワーク標準[2]の用語をそのまま使用している．

移動通信ネットワークは，移動端末MS（Mobile Station）との間で無線制御を行うRNS（Radio Network System）と，複数のRNSを収容し，外部の固定通信網であるPSTN（Public Switched Telephone Network）やISDN（Integrated Services Digital Network），及びほかの移動通信網PLMN（Public Land Mobile Network）と接続するCN（Core Network）で構成される．

RNSは，各無線ゾーンを形成してMSと無線送受を行う基地局Node-Bと，複数のNode-Bを収容し，各無線ゾーンの無線回線接続・切断，無線回線上での位置登録，一斉呼出，ハンドオーバなどの移動管理を行う無線ネットワーク制御装置RNC（Radio Network Controller）で構成される．本書ではRNC，Node-B，MSの間の無線制御に関しては，移動通信ネットワーク制御を説明するに必要な最小限の記述に留める．詳細は第3世代無線方式に関する様々な著書[3]-[5]を参照されたい．

CNは，サービスエリア内のMS間の通信回線をRNSを通して接続し，また，MSとほかのPSTN，ISDN，PLMNに接続する端末との間の通信のためにそれらの外部網との間の回線を接続する移動サービス交換局MSC（Mobile-services Switching Center）及びGMSC（Gateway MSC）と，CN内の移動管理を行いRNSと連携してMSの移動管理を行うHSS（Home Subscriber Server）及びVLR（Visitor Location Register）で構成される．MSCとVLRは機能分離されるが一般には一つの装置で実現されるため，ネットワークアーキテクチャ上は，図2.3のように隣接して表現される．

MSCは，MSに対する回線交換サービス制御を行う．RNSを通したMSとの回線と，その通信相手に向けたCN内の回線の交換接続を行う．また，VLR内の情報を用いてRNSと連携してMSの移動管理を行う．

GMSCは，MSへの着信時に，PSTN，ISDN，PLMN回線と，HSSに記憶されているMSの位置情報に基づいて，MSの存在する無線ゾーンを制御するRNSを収容するMSCまで回線を交換接続する．

HSSは，移動通信ユーザに関する加入契約情報，MSが存在するVLRの位

置情報，及び第6章で述べる秘密キーなどのセキュリティ情報，などの移動通信ユーザプロファイルを記憶するデータベースである．

VLRは，その隣接するMSCの収容するサービスエリア部分にMSが移動してきた場合に，そのMSの存在するRNS位置を記憶するとともに，HSSに通知し，HSS内の移動通信ユーザプロファイルを読み出して記憶する．このVLRに記憶された移動通信ユーザプロファイルは，MSCがMSの通信制御を行う場合に利用される．

これらのネットワークアーキテクチャのノードは，ネットワークで分散された機能の集合体であり，物理的には各ノードは収容すべきMS数，トラヒック量に応じて複数存在する．また，物理的には，一つの装置に異なるノード（例えば，GMSCとHSS）が実装されることもある．これらのノード間の制御連携は，第8章で述べるような国際標準信号方式に基づいて行われる．

2.3 回線交換発着信制御 [6]

図2.4にMSからPSTN，ISDN，PLMNに接続された端末に向けて発信する場合の制御手順を示す．MS発信の場合に必要な処理は，(1) MSが通信制御メッセージを送受信するための無線制御回線と，通信データを送受するた

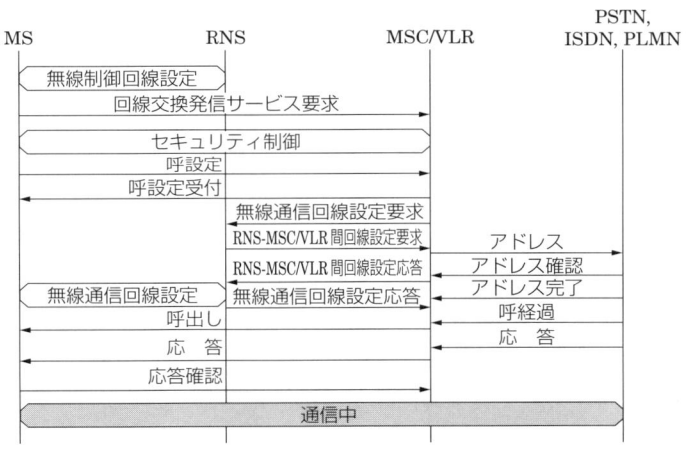

図2.4　発信制御手順

めの無線通信回線の設定，(2) 相手端末と通信を開始するための通信制御と回線設定，である．

まず，MSとRNS間で制御メッセージを送受するための無線制御回線を設定し，MSは回線交換発信サービス要求を行う．次に，第6章で述べるような認証，秘匿，インテグリティなどのセキュリティ手順を踏んだ後に，MSは通信したい相手端末の番号，希望する通信回線の品質などを持って呼設定をMSC/VLRに要求する（なお，従来，電話技術においては通信のことを，回線を保留するという観点から"呼(Call)"と呼んできた．本書では制御メッセージなどにおいて，第8章で述べる信号方式の正式メッセージ名称に従う場合に，この用語"呼"を使うこととする）．

MSC/VLRでは，2.4.1項で述べるように，位置登録時にVLRにコピーされている移動通信ユーザプロファイルを読み出しておき，MSからの要求が適当と判断した場合に呼設定の要求を受け付け，呼設定を開始する．

次に，MSC/VLRは，RNSに対して，MSとRNS間の無線通信回線の設定を要求するとともに，RNSとMSC/VLR間の通信回線を設定する．更に，外部網（PSTN, ISDN, PLMNなど）に向けて"アドレス"メッセージを送信することにより呼接続要求を行い，外部網からその"アドレス確認"メッセージに続いて"アドレス完了"メッセージを受信することにより，MSC/VLRと外部網の間で回線設定を完了する．

外部網からその網に接続する相手端末を呼出し中であることを示す"呼経過"メッセージを受信すると，MSに向け"呼出"メッセージを送信する．更に，相手端末が通信に応答したことを示す"応答"メッセージを受信するとMSに"応答"メッセージを送信し，MSからの応答確認を受けることにより，通信を開始する．

図2.5に外部網（ISDN, PSTN, PLMNなど）に接続された端末からMSに向けて着信する場合の制御手順を示す．MS着信の場合，(1) MSが存在する無線ゾーンの特定を行った後，MS発信と同様に，(2) 通信制御メッセージを送受信するための無線制御回線と，通信データを送受するための無線通信回線の設定，(3) 相手端末と通信を開始するための通信制御と回線設定，が必要である．

第2章 回線交換ネットワーク　　　　　　　　　　　　　　　　19

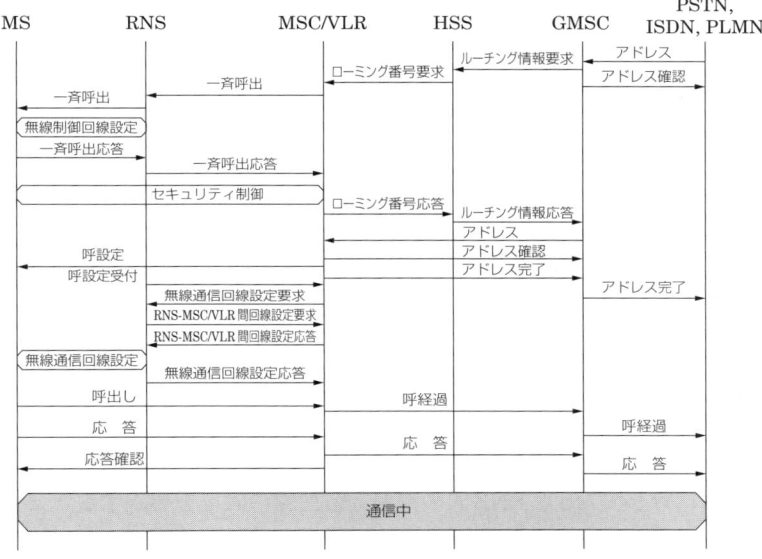

図2.5　着信制御手順

　相手端末が発信し，その接続する外部網から着信先のMSの移動端末番号（移動端末番号構成については5.2節を参照）を含んだ"アドレス"メッセージをGMSCが受信すると，GMSCは，外部網に対してその確認を行うとともに，そのMSの移動通信ユーザプロファイルを記憶しているHSSに，MSの存在するサービスエリアを収容するMSCまで回線を設定するためのルーチング情報を要求する．

　HSSは，2.4.1項で述べるように，位置登録時に記憶されたVLR番号に基づいて，MSC/VLRに対して，GMSCからMSCまでの回線設定（ルーチング）を行うためのローミング番号を要求する（ローミング番号構成については5.3節を参照）．

　MSC/VLRは，RNSに対して，MSを一斉呼出（ページング）するよう要求する．RNSは，MSが位置登録を行った位置登録エリア内のすべての無線ゾーンからMSを一斉に呼び出す．MSは，存在する無線ゾーンで，RNSとの間で無線制御回線を設定し，一斉呼出に応答する．RNSは，その一斉呼出

応答を MSC/VLR まで伝える．ここで，MSC/VLR は，発信のときと同様に，認証，秘匿，インテグリティなどのセキュリティ手順を踏む．そして，一斉呼出応答した MS に対応するローミング番号を生成し，HSS にそのローミング番号を送信する．HSS は，そのローミング番号をルーチング情報として GMSC に応答する．

GMSC は，そのローミング番号を用いて"アドレス"メッセージを MSC/VLR に送信することにより呼接続要求を行い，MSC/VLR から"アドレス確認"メッセージに続いて"アドレス完了"メッセージを受信することにより，GMSC と MSC/VLR の間で回線設定を完了する．また，GMSC は，"アドレス完了"メッセージを更に外部網に送信することにより，外部網との間の回線設定を完了する．

MSC/VLR は，MS に対して呼設定を行い，MS から呼設定受付を確認すると，RNS に対して MS と RNS 間の無線通信回線の設定を要求するとともに，RNS と MSC/VLR 間の通信回線を設定する．MS から呼出し中であることを示す"呼出"メッセージを受信すると，GMSC に"呼経過"メッセージを送信する．GMSC は，"呼経過"メッセージを更に相手端末に向けて外部網に中継する．一方，MSC/VLR は，更に，MS から呼設定に応答したことを示す"応答"メッセージを受信すると，MS に"応答確認"メッセージを送り，GMSC に対しては"応答"メッセージを送信する．GMSC は，"応答"メッセージを更に外部網に中継する．こうして MS 着信制御が完了し，MS との通信を開始する．

なお，MS 間の通信の場合には，一方の MS で図2.4の MS 発信制御手順がとられ，もう一方の MS で図2.5の MS 着信制御手順がとられる．

通信を終了する場合，MS が先に切断する場合と相手端末が先に切断する場合がある．どちらの場合でも（1）MS と相手端末の間で通信を終了するための制御と，（2）無線通信回線の解放，が必要である．図**2.6**に，MS が先に切断した場合の通信切断制御手順を示す．MS から"切断"メッセージを受信すると，MSC/VLR は，相手端末に向けて"解放"メッセージを外部網に送信して，外部網との間の回線を解放する．MS に対しても，"解放"メッセージを送信する．そして，相手端末及び MS の双方から"解放完了"メッセ

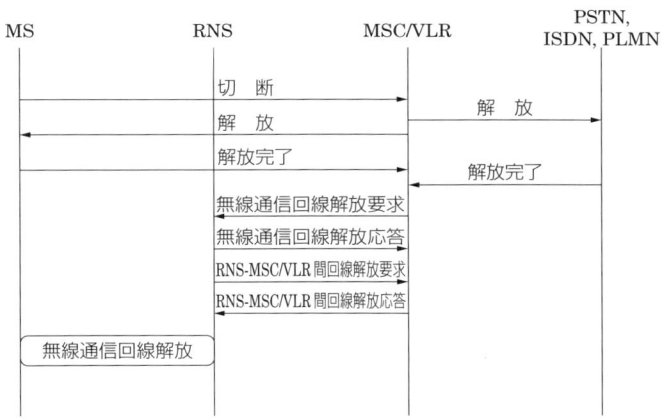

図 2.6　通信切断制御手順

ージを受信することにより，双方の端末の通信終了を確認する．次に，RNSに対して無線通信回線解放を要求し，RNSとMSC/VLRの間の回線及び無線通信回線を解放して処理を終了する．

2.4　回線交換移動管理

第1章で述べた移動通信ネットワーク3大基本技術のうち，一斉呼出制御手順については前節の着信制御手順の中で述べた．本節では，残りの移動管理技術である位置登録制御手順とハンドオーバ制御手順について述べる．

2.4.1　位置登録制御

図2.3の回線交換ネットワークアーキテクチャに基づいて，想定される位置登録のためのネットワークモデルを考えると，図2.7のようになる．本モデルでは，一つのMSC/VLRが複数のRNSを収容，すなわち複数の位置登録エリアをカバーする構成を想定する．MSが位置登録エリアをまたがって移動する場合，一つのMSC/VLRでカバーするエリア内の移動と，二つのMSC/VLRのカバーするエリア間の移動となる場合が存在する（なお，この位置登録を，VLR，HSSにおける位置情報を更新するという観点から，"位置更新"とも呼ぶが，本書では用語"位置登録"を使用する）．

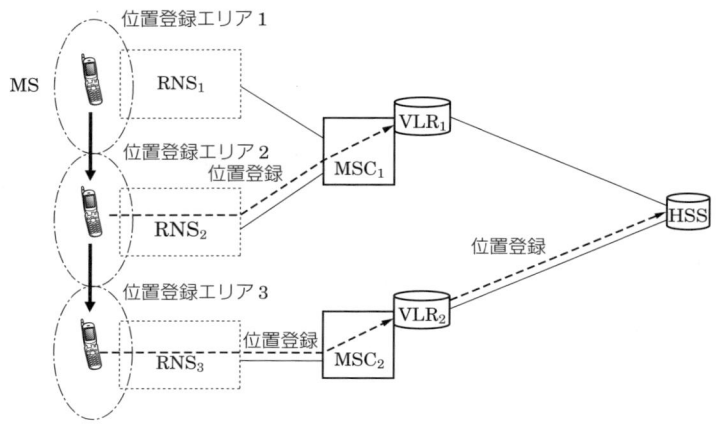

図 2.7 VLR 内位置登録と VLR 間位置登録

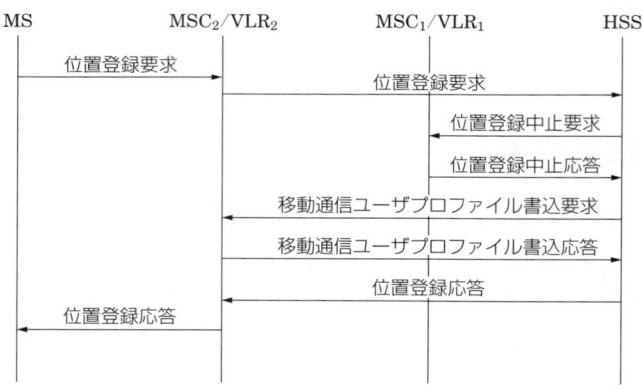

図 2.8 位置登録制御手順

前者の場合は，VLR 内の位置登録エリア情報を更新するのみでよい．後者の場合には，HSS に記憶される VLR 番号を移動先の VLR 番号に更新する必要がある．この後者の VLR 間にまたがる位置登録制御手順を図 2.8 に示す[7]．

MS から位置登録要求があると，移動先の MSC/VLR（図中 MSC$_2$/VLR$_2$）は，MS が別の MSC/VLR（図中 MSC$_1$/VLR$_1$）の位置登録エリアから移動し

てきたことを認識し，更に，HSSに位置登録要求を行う．HSSは，MSC_1/VLR_1に対して，これまで記憶していたMSの移動通信ユーザプロファイルを消去するように位置登録中止要求を行い，移動先のVLR_2番号を記憶する．そして，MSC_2/VLR_2に対して，MSの移動通信ユーザプロファイルを送信する．MSC_2/VLR_2からそのプロファイル書込みを確認した後，位置登録応答をMSC_2/VLR_2，更にはMSに応答を行って位置登録を完了する．

なお，この位置登録制御手順においても，発着信と同様にセキュリティ制御手順を踏む必要があるが，その詳細手順は6.3節で述べる．

2.4.2　ハンドオーバ制御

第3世代のW-CDMA無線方式では，隣接する無線ゾーンで同一周波数を使用できるため，図2.9に示すように，ハンドオーバに際して移動先の無線通信回線をまず設定するソフトハンドオーバを実施している（これに対して，第2世代までに適用されたように，移動前の無線ゾーンの通信回線を切断，解放してから移動後の無線ゾーンの通信回線を設定するハンドオーバをハードハンドオーバと呼ぶ）．

このソフトハンドオーバでは，MSがある無線ゾーンから隣の無線ゾーンに移動する場合（図2.9 (a)），移動に際して，まず，その移動先の無線ゾーンで無線通信回線を設定する[4],[5]．そして，移動前後の無線ゾーンの境界付近では，MSは，双方の無線ゾーンの無線通信回線で同時に通信データを送受信する（図2.9 (b)）．MSからの送信データは，二つの無線回線に送信され，その二つの通信データは，RNS内にて合成，選択して，MSC/VLRに送信される．MSへの送信データは，RNS内にて分配され，二つの無線回線に送信され，MS内でその二つの通信データを合成，選択して受信する．MSが移動先の無線ゾーンに移動して，移動前の無線ゾーンとの電波が微弱になると，その無線通信回線を切断，解放してハンドオーバを完了する（図2.9 (c)）．

RNS内の無線ゾーン間でMSが移動する場合には，RNSとMSとの間の通信制御のみでソフトハンドオーバを実施できる．隣接するRNS間の無線ゾーン間でMSが移動する場合には，移動前の無線ゾーンのRNS（図中RNS_1）がハンドオーバの切換ポイントになって，隣のRNS（図中RNS_2）まで通信回線，移動先の無線ゾーンの通信回線を設定する．

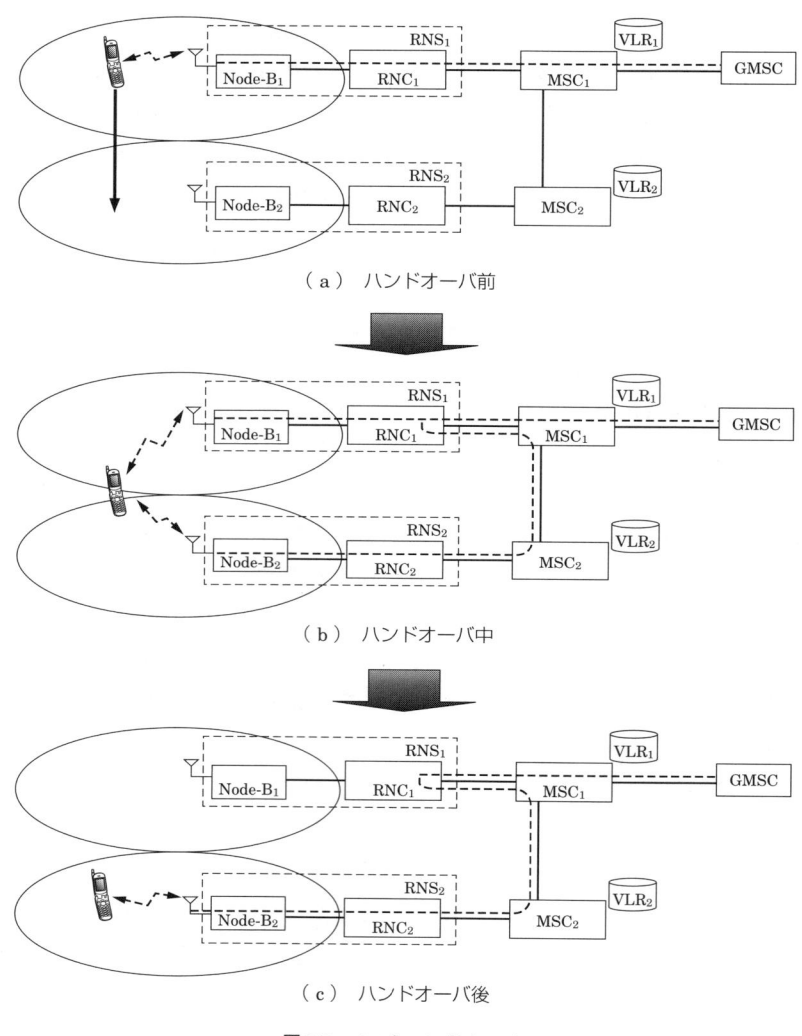

図2.9 ソフトハンドオーバ

　図2.10に，ソフトハンドオーバ制御手順を示す．MSから現在の無線ゾーンより隣接する無線ゾーンの無線通信回線の品質のほうが良いという旨の測定報告を受けると（図2.9（a）の状態に相当），RNS_1は，その無線ゾーンをカバーするRNS_2に対して，その無線ゾーン内の無線通信回線を設定させる．

第2章　回線交換ネットワーク

```
MS          RNS₁         MSC₁/VLR₁    MSC₂/VLR₂      RNS₂
 |  測定報告   |               |             |             |
 |───────────>|               |             |             |
 |            |  RNS₂の無線通信回線設定                     |
 |            |<═══════════════════════════════════════>|
 |            |  回線設定要求  |             |             |
 |            |──────────────>| 回線設定要求 |             |
 |            |               |────────────>| 回線設定要求 |
 |            |               |             |────────────>|
 |            |  回線設定応答  | 回線設定応答 | 回線設定応答 |
 |            |<──────────────|<────────────|<────────────|
 |アクティブセット更新           |             |             |
 |<───────────|               |             |             |
 |アクティブセット更新完了        |             |             |
 |───────────>|               |             |             |
 |     ～     |      ～       |     ～      |     ～      |
 |  測定報告   |               |             |             |
 |───────────>|               |             |             |
 |アクティブセット更新           |             |             |
 |<───────────|               |             |             |
 |アクティブセット更新完了        |             |             |
 |───────────>|               |             |             |
              ○ RNS₁の
                無線通信回線解放
```

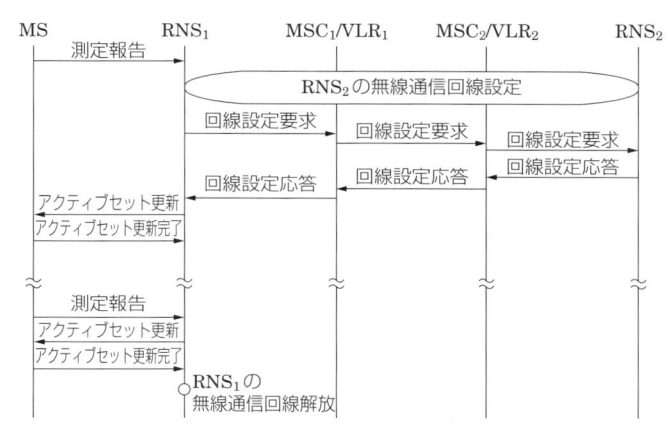

図 **2.10**　ソフトハンドオーバ制御手順

次に，RNS_1 から，MSC_1/VLR_1，MSC_2/VLR_2 を通した RNS_2 までの通信回線を接続する．そして，MS に対して"アクティブセット更新"メッセージを送信し，その完了メッセージを受信することにより，ソフトハンドオーバ状態に入る．すなわち，この時点で，RNS_1 と MS の間で，RNS_1 内の無線通信回線と RNS_2 内の無線通信回線を通して通信データを送受信する（図 2.9 (b) の状態に相当）．更に，MS が RNS_1 内の無線通信回線の品質が低下したという旨の測定報告を受けると，RNS_1 は，MS に対して"アクティブセット更新"メッセージを送信し，その完了メッセージを受信し，無線通信回線を解放することにより，ソフトハンドオーバを完了する（図 2.9 (c) の状態に相当）．このように，MS がどの RNS 内の無線ゾーンに移動しても，通信開始時の RNS（図 2.9，図 2.10 の RNS_1）を切換ポイントとして固定しているため，通信を瞬断することなくソフトハンドオーバできる．

MS が RNS_1 の無線ゾーンと RNS_2 の無線ゾーンの境界付近に移動しソフトハンドオーバ状態になった後，再び RNS_1 の無線ゾーンに戻った場合には，RNS_2 の無線通信回線を解放してソフトハンドオーバを完了する．

2.5　相互接続ネットワークモデル

国際標準に基づく第3世代移動通信システムでは，ユーザは世界中どこに

行っても，1 MS を持って，そのサービスエリアから発着信を可能とする．現実的には，世界各地で異なった通信事業者がこの第3世代移動通信サービスを提供している．ユーザが契約した通信事業者のサービスエリア以外の地域であってもそのユーザがサービスを享受できる（これをローミングと呼ぶ）ように，その契約した通信事業者とそのユーザの存在する地域の通信事業者がサービス提携しているのである．このようなローミングは，ユーザが訪れた地域の通信事業者において位置登録を行うことによって可能となる．技術的には，事業者間にまたがってハンドオーバを行うことも可能であり，このハンドオーバを契機にローミングを行うことも考えられる．しかし，現実的には，通信中の料金をどのように事業者間で分割するのかといったビジネス上の問題があり，現時点でハンドオーバを契機としたローミングは行われた例は見られない．

このように，現実的な移動通信ビジネスを考えるときには，図 **2.11** に示すような移動通信事業者の論理的な役割を表す相互接続ネットワークモデルが必要である．

移動通信事業者の役割は，発信ホーム網，発信在圏網，着信ホーム網，着

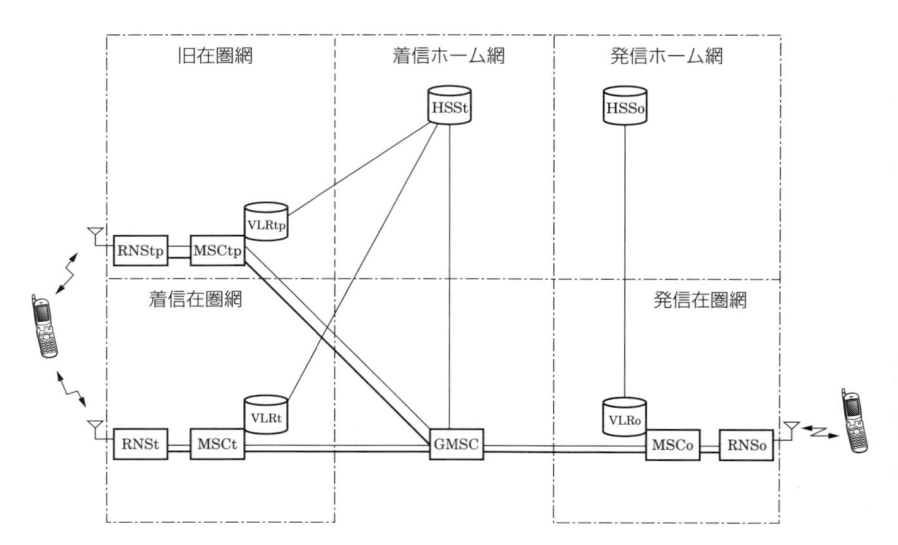

図 **2.11**　相互接続ネットワークモデル

信在圏網，旧在圏網に大別できる．移動通信事業者は，ユーザが移動通信ネットワークにアクセスするごとに，これらの1または複数の役割を果たす．

例えば，日本の通信事業者に契約しているユーザが，フランスの通信事業者にローミングした場合を考えよう．ユーザのMSは，フランスの通信事業者のサービスエリアで位置登録要求を行う．この位置登録要求時の相互接続ネットワークモデルにおける日本の通信事業者の役割は着信ホーム網と旧在圏網であり，フランスの通信事業者の役割は着信在圏網である．このフランスの通信事業者からユーザが発信した場合は，日本の通信事業者は発信ホーム網，フランスの通信事業者は発信在圏網の役割を演じることになる．しかし，図2.4の発信制御手順で示したように，発信時には発信在圏網から直接通信相手先に向かって接続されるため，発信ホーム網と発信在圏網は正常通信時には特に相互接続することはない．

更に，ユーザが隣の国ドイツにローミングした場合の例を考えよう．この場合には，3通信事業者が相互接続に関わる．日本の通信事業者は着信ホーム網，フランスの通信事業者は旧在圏網，ドイツの通信事業者は着信在圏網の役割となる．

図2.11の相互接続ネットワークモデルでは，GMSCはどの機能網にも含まれていない．なぜなら，**図2.12**に示すように，GMSCの位置によってルーチングの形態が異なってくるからである．

図2.12（a）では，着信ホーム網のGMSCを使用した場合のルーチング形態を示す．この場合，発信在圏網からまず着信ホーム網のGMSCまで回線が設定され，更に着信在圏網まで回線が設定される．このルーチング形態において，例えば，日本の通信事業者に契約しているユーザ1がフランスの通信事業者にローミングしているときに，そのフランスの同じ通信事業者の別のユーザ2がそのユーザ1に通信を行う場合を考えよう．この場合，ユーザ1がユーザ2と同じフランスの通信事業者の網に存在するにもかかわらず，いったんユーザ1のホーム網である日本の通信事業者の網までルーチングして，再びそのフランスの通信事業者の網までルーチングしなければならない．このようなむだなルーチングを，音楽楽器になぞらえて，トロンボーンルーチングと呼んでいる．

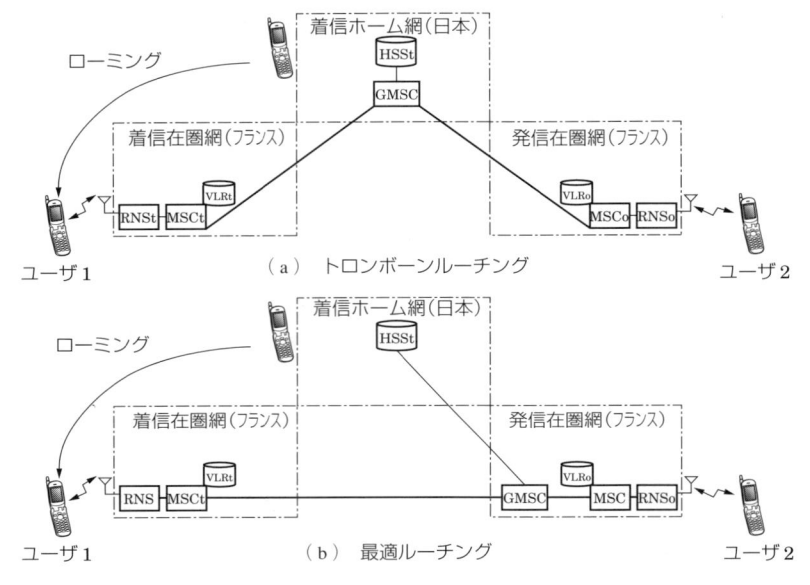

図 2.12 トロンボーンルーチングと最適ルーチング

　これに対して，図 2.12（b）のように，発信在圏網の GMSC を使用した場合には，その GMSC から着信ホーム網の HSS に着信先の MS のローミング先の在圏網を問い合わせて，その在圏網に直接ルーチングする．こうすることにより，先の例の場合でもフランスの通信事業者網内のみでルーチングをすればよいことになる．このような最適ルーチングは通信回線のむだな使用を省くことができ，結果として通信料金を低廉化することが可能であり，移動通信ネットワークでは今後，積極的に導入していくべき機能である．

参 考 文 献

（1） 千葉正人，"改訂ディジタル交換方式，"電子情報通信学会, 1989.
（2） TTC 規格 JP-3GA-23.002,"Network Architecture."
（3） 田中良一，"やさしいディジタル移動通信，"電気通信協会, 2001.
（4） 木下耕太，"やさしい IMT-2000，"電気通信協会, 2001.
（5） 立川敬二，"W-CDMA 移動通信方式，"丸善, 2001.
（6） TTC 規格 JP-3GA-23.018,"Basic Call Handling."
（7） TTC 規格 JP-3GA-29.002,"Mobile Application Part."

第3章

パケット交換ネットワーク

　近年，インターネットは爆発的な勢いで成長を続けており，ビジネスにおいても日常生活においても情報提供及び情報獲得の手段として不可欠なものになっている．このインターネットへのアクセスとしてはADSL（Asymmetrical Digital Subscriber Line），FTTH（Fiber-To-The-Home）などの固定高速アクセスに加えて，"いつでも"，"どこでも"情報を獲得したいという要求に応えて移動端末からもアクセスが可能になった．

　このようなインターネットアクセスでは，移動端末からインターネットのコンテンツサーバにアクセスするトラヒックは比較的少なく，サーバから移動端末へのコンテンツのトラヒックは大きいというようにトラヒックの非対称性が特徴である．また，サーバからのコンテンツの伝達はそれほど即時性が厳しく要求されず，サーバへのアクセスの混み具合によって間欠的にコンテンツが伝達される．このような非対称，非即時性，間欠伝達トラヒックに対して，通信中に一定速度容量の通信回線を捕捉する回線交換方式では，その回線使用効率が低く不向きである．このようなトラヒックに対しては，サーバがコンテンツを間欠的にその一部ずつ送信することに合わせて，ネットワークがその一部ずつコンテンツデータを伝達するパケット交換方式が向いている．

　本章では，第2章と同様にGSMベースの第3世代ネットワークを例にとって，パケット交換ネットワークアーキテクチャと，発着信，移動管理技術と

それらの制御手順について述べる．

3.1　パケット交換とは？[1]

図**3.1**に，パケット交換方式の原理を示す．パケット交換では，送信元の通信端末において間欠的に発生する通信データごとに，その先頭（ヘッダ）に送信先のアドレスを付加した小包（パケット）を組み立てる．もちろん，1パケットで運べるデータ量には限度があり，その限度を超えるデータは分割して2パケットを組み立てる．そのパケットをパケット交換ネットワークに送信すると，途中のパケット交換機がそのパケットの送信先アドレスを解読して，その送信先に向けた伝送路に交換伝達していき，最終的に送信先の通信端末に届けられる．

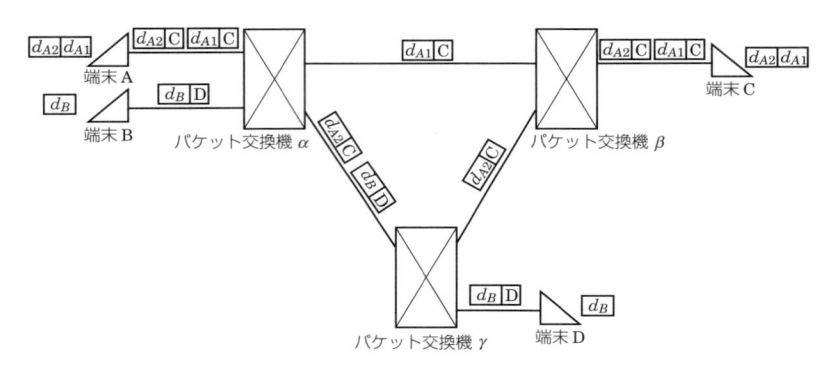

図3.1　パケット交換方式の原理

図3.1の例では，端末Aが端末Cに，端末Bが端末Dにパケットを送信している．端末Aの通信データは，2パケットに分割され，最初のデータd_{A1}を含むパケットは，パケット交換機αから端末Cの接続されるパケット交換機βへの伝送路に直接，交換伝達されている．次のデータd_{A2}を含むパケットは，交換機γへの伝送路で端末Bからのデータd_Bを含むパケットに続いて伝達され，更に交換機βへ交換伝達される．

回線交換方式と大きく異なる点は，通信データを送信する前に使用する伝送路の回線を捕捉する必要がない点である．各パケット交換機では，受信し

たパケットの順序に従って，更に，そのあらかじめ決められた優先順位に従って，パケットを交換伝達する．各伝送路では，通信端末の送信速度に従って，1通信端末からのパケットが複数続けて伝達されることもある．また，途中のパケット交換機は，最終目的地に向けて複数の伝送路を有する場合には，各伝送路の混み具合によって，パケットごとに異なる伝送路に伝達してもよい．

3.2 パケット交換ネットワークアーキテクチャ

図3.2に，移動通信パケット交換接続のためのネットワークアーキテクチャを示す．図中の用語は，GSMベースの第3世代移動通信パケットネットワーク標準[2]であるGPRS（General Packet Radio Service）の用語をそのまま使用している．

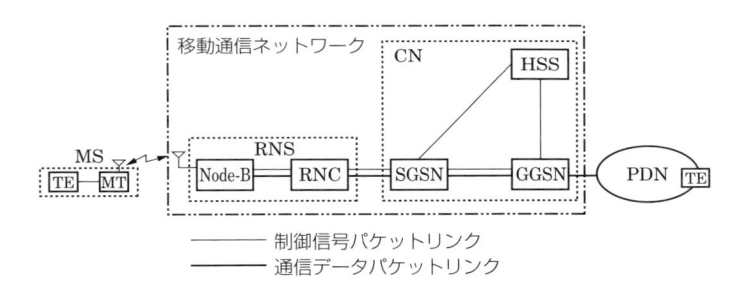

図3.2 移動通信パケット交換ネットワークアーキテクチャ

移動通信パケット交換ネットワークは，第2章で述べた回線交換ネットワークと同様に，移動端末MSとの間で無線制御を行うRNSと，複数のRNSを収容し，ほかのパケットデータ網PDN（Packet Data Network）と接続するCNで構成される．MSは，移動通信制御を行うMT（Mobile Termination）と，MTに接続してパケット通信を行うTE（Terminal Equipment）で構成される．

RNSは，回線交換ネットワークのCNとの間で共有される．CNは，パケット交換機GSN（GPRS Support Node）と，CN内の移動管理を行い，MSの移動通信ユーザプロファイルを管理し，RNSと連携してMSの移動管理を行うHSSで構成される．GSNは，更に，RNSと連携してMSの移動管理，

MSからのアクセス制御を行うSGSN（Serving GSN）と，外部の様々なPDNとのインタワークを行うGGSN（Gateway GSN）に分類される．HSSは，回線交換ネットワークのCNと共有される．また，回線交換ネットワークにおけるVLR相当の機能は，SGSNに含まれる．

この移動通信パケット交換ネットワークにおけるパケット交換方式を図**3.3**に示す．本例では，MS_1から移動通信パケット交換ネットワークにアクセスし，外部PDN_1に接続されたTE_1までパケットを送信している．MS_1から通信データを送信する際には，PDN内をルーチングしてTE_1に通信データを運ぶために，TE_1のアドレスを送信アドレスとしてヘッダに付加したパケットを組み立てて送信する．移動通信パケット交換ネットワーク内では，このパケットをPDN_1に運ぶために，移動通信パケット交換ネットワーク内をルーチングするためのアドレスをRNS-SGSN間，SGSN-GGSN間で更にヘッダに付加して転送する．このように，端末間のパケットを移動通信パケット交換ネットワーク内で転送するために，その伝送路の入口で更にもう一つのパケットに梱包（Encapsulation）し，出口で開封（Decapsulation）する．

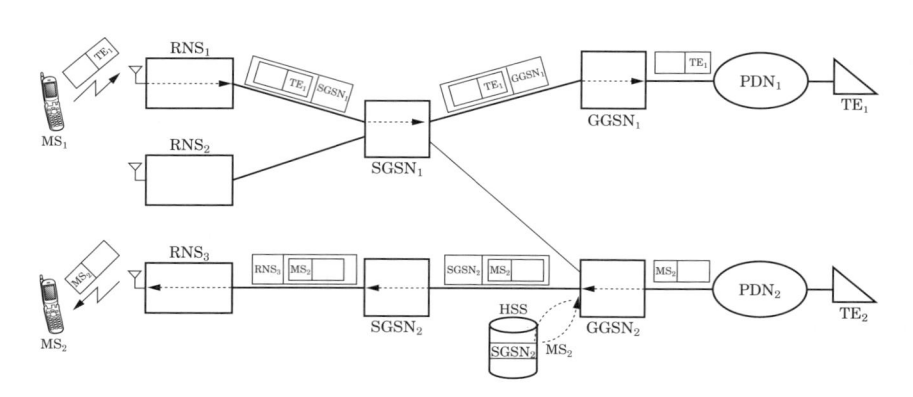

図**3.3** 移動通信パケット交換方式

図3.3の例では，MS_1は，まず，TE_1行きのパケットを，無線通信パケットリンクを通してRNS_1に送信する．RNS_1では，そのTE_1行きパケットを$SGSN_1$行きのパケットに包んで転送する．$SGSN_1$ではそのパケットを開いて，更に$GGSN_1$行きのパケットに包んで転送する．そして，$GGSN_1$ではそのパ

ケットを開いて，中身のパケットを PDN_1 に送信する．

一方，図3.3の例において，TE_2 から MS_2 までパケットを送信する場合には，まず，TE_2 において MS_2 行きのパケットを組み立てて PDN_2 を通して $GGSN_2$ に送信する．$GGSN_2$ では，次節で述べるように，MS_2 の存在するエリアを制御する $SGSN_2$ を HSS から検索して，$SGSN_2$ 行きのパケットに包んで送信する．$SGSN_2$ ではそのパケットを開いて，更に RNS_3 行きのパケットに包んで転送する．そして，RNS_3 ではそのパケットを開いて，無線通信パケットリンクを通して，中身の MS_2 行きパケットを MS_2 に送信する．

このように，通信端末間のパケットを更に網内のノード間でパケットに包んで送信することは，図**3.4**に示すように，ノード間であたかも通信端末間のパケットが通るトンネルを設置したものと考えることができる．このように，ノード間のパケット転送制御を"トンネリング制御"とも呼んでいる．各端末から1または複数の端末への複数のパケット通信各々に対して別々のトンネルを設定する．各トンネルはその両端のノードでそのトンネル識別子 TEID（Tunnel Endpoint IDentifier）を持って識別される（移動局の TE (Terminal Equipment) と混同しないように注意！）．

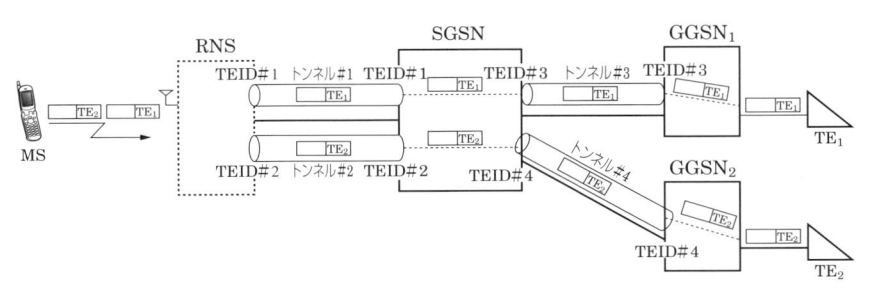

図**3.4** パケットトンネリング制御

図3.4の例では，MS から TE_1，TE_2 に対するパケット通信に対して各々トンネルが設定されている．例えば，MS から TE_1 に対しては，RNS-SGSN 間で TEID #1のトンネル，$SGSN$-$GGSN_1$ 間で TEID #3のトンネルが設置されている．

このように，ある端末からある端末への片方向の通信データの送信のため

に一つのトンネルを設定する．双方向のパケット通信のためには，RNS-SGSN間，SGSN-GGSN間で各々，2本ずつトンネルを設定する．

3.3 パケット交換発着信制御 [3]

図3.5に，MSから外部PDNに接続されたTEに向けてパケット発信する場合の制御手順を示す．前節で述べたように，MS発信の場合に必要な処理は，(1) MSが通信制御メッセージを送受信するための無線制御回線と，無線通信パケットリンクの設定，(2) PDNに接続するGGSNまでのトンネルの設定，である．

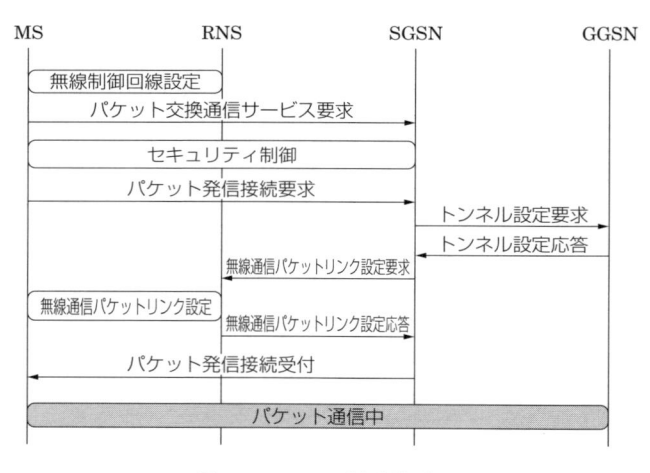

図3.5 パケット発信制御手順

まず，MSとRNS間で制御メッセージを送受するための無線制御回線を設定し，MSはパケット交換通信サービス要求を行う．次に，第6章で述べるような認証，秘匿，インテグリティなどのセキュリティ制御手順を踏んだ後に，MSは，通信したい相手TEの接続するPDN名などの情報を持って，SGSNにパケット発信接続要求を行う．

SGSNでは，PDN名からそのPDNに接続するGGSNを検索する．3.4.1項で述べるように，位置登録時にHSSからコピーされた移動通信ユーザプロファイルとMSからの要求を比較し，要求が適当と判断した場合に，PDN名，

GGSN→SGSN方向のトンネルに割り当てたTEIDなどを持ってGGSNに"トンネル設定要求"メッセージを送信し，GGSN→SGSN方向のトンネルを設定する．

また，RNSに対しても，RNS→SGSN方向のトンネルに割り当てたTEIDなどを持って"無線通信パケットリンク設定要求"メッセージを送信して無線通信パケットリンクの設定を要求するとともに，RNS→SGSN方向のトンネルを設定する．

GGSNでは，SGSN→GGSN方向のトンネルにTEIDを割り当て，その割り当てたTEIDなどを持ってSGSNに対して"トンネル設定応答"メッセージを送信し，SGSN→GGSN方向のトンネルを設定する．そして，SGSNから送信されたGGSN→SGSN方向のトンネルのTEIDと，自ら割り当てたSGSN→GGSN方向のトンネルのTEIDと，PDN名との間の対応関係を記憶し，PDNとSGSNまでの二つのトンネルとの間でパケット交換接続を行う．

同様に，RNSではSGSN→RNS方向のトンネルにTEIDを割り当て，その割り当てたTEIDなどをもってSGSNに対して"無線通信パケットリンク設定応答"メッセージを送信し，SGSN→RNS方向のトンネルを設定する．そして，SGSNから送信されたRNS→SGSN方向のトンネルのTEIDと，自ら割り当てたSGSN→RNS方向のトンネルのTEIDと，無線通信パケットリンクとの間の対応関係を記憶し，無線通信パケットリンクとSGSNまでの二つのトンネルとの間でパケット交換接続を行う．

SGSNは，GGSN，RNSからの応答を確認すると，GGSNとの間のトンネルとRNSとの間のトンネルとの間でパケット交換接続を行い，MSにパケット発信接続が受け付けられたことを知らせる．こうして，無線通信パケットリンク及びRNS-SGSN-GGSN間のトンネルが設定され，パケット通信を開始する．

図3.6に，外部PDNに接続されたTEからMSに向けて着信する場合の制御手順を示す．MS着信の場合，MSが存在する無線ゾーンの特定を行った後，MS発信と同様に，無線通信パケットリンクを設定し，PDNに接続するGGSNまでのトンネルを設定することが必要である．

外部PDNからMS行きのパケットを受信すると，GGSNは，そのMSの移

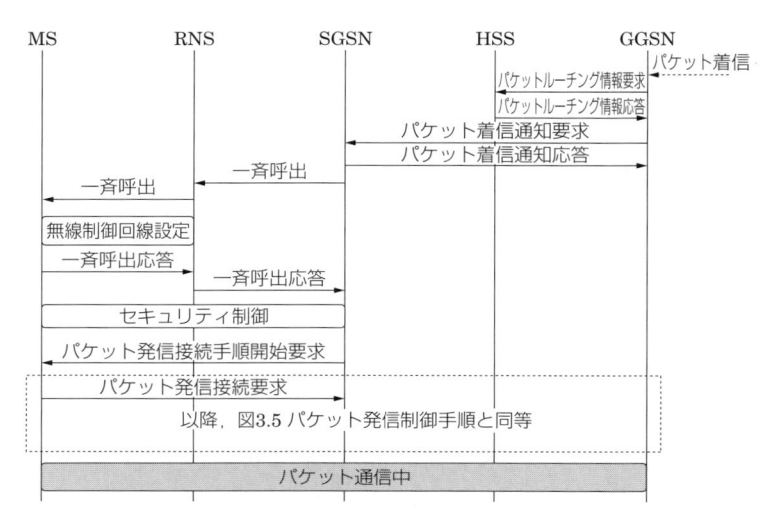

図3.6 パケット着信制御手順

動通信ユーザプロファイルを記憶しているHSSに，MSの存在するサービスエリアを収容するSGSNのアドレスを問い合わせ，そのSGSNに対して，パケット着信通知要求を行う．

SGSNは，GGSNにパケット着信通知応答を行い，RNSに対してMSを一斉呼出（ページング）するよう要求する．RNSは，MSが3.4.1項に述べる位置登録を行ったルーチングエリア内のすべての無線ゾーンからMSを一斉に呼び出す．MSは，存在する無線ゾーンでRNSとの間で無線制御回線を設定し，一斉呼出に応答する．RNSは，その一斉呼出応答をSGSNまで伝える．ここで，SGSNは，発信のときと同様に，認証，秘匿，インテグリティなどのセキュリティ制御手順を踏み，MSに対してパケット発信接続手順開始を要求する．

MSは，パケット発信接続要求をSGSNに行い，以降，上記のパケット発信接続制御と同等の手順を踏むことによりパケット着信制御を完了し，パケット通信を開始する．

図3.7にパケット通信切断制御手順を示す．MSからパケット通信切断要求があると，SGSNは，GGSNに対してトンネル解放要求を行う．GGSNは，ト

第3章 パケット交換ネットワーク

```
MS        RNS       SGSN       GGSN
 |─パケット通信切断要求→|          |
 |         |─トンネル解放要求→|
 |         |←トンネル解放応答─|
 |←パケット通信切断受付─|         |
 |         |─無線通信パケットリンク解放要求→|
 |←無線通信パケットリンク解放│      |
 |         |←無線通信パケットリンク解放応答│
```

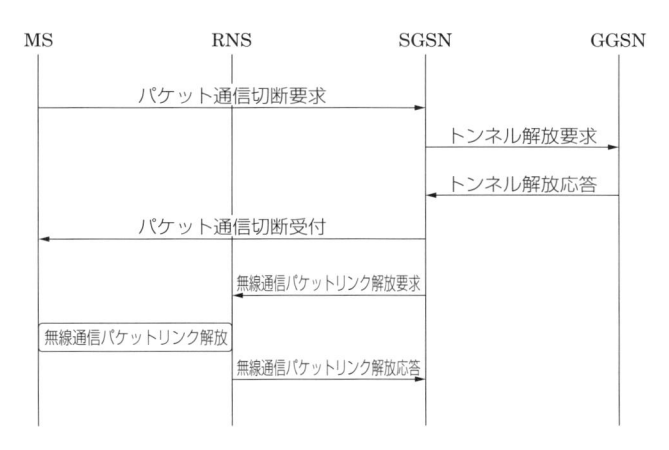

図3.7 パケット通信切断制御手順

ネルを解放しSGSNにその応答を行う．SGSNは，MSにパケット通信切断受付を行うとともに，RNSに無線通信パケットリンク解放を要求し，RNSとの間のトンネル及び無線通信パケットリンクを解放して処理を終了する．

3.4 パケット交換移動管理

第1章で述べた移動通信ネットワーク3大基本技術のうち，一斉呼出制御手順については前節の着信制御手順の中で述べた．本節では，残りの移動管理技術である位置登録制御手順とハンドオーバ制御手順について述べる．

3.4.1 位置登録制御

図3.2のパケット交換ネットワークアーキテクチャに基づいて，想定される位置登録のためのネットワークモデルを考えると，図**3.8**のようになる．パケット交換ネットワークでは，回線交換ネットワークと区別するために，位置登録エリアをルーチングエリアと呼んでいる．本モデルでは，一つのSGSNが複数のRNSを収容，すなわち複数のルーチングエリアをカバーする構成を想定する．MSがルーチングエリアをまたがって移動する場合，一つのSGSNでカバーするエリア内の移動と，二つのSGSNのカバーするエリア間の移動となる場合が存在する．

前者の場合は，SGSN内のルーチングエリア情報を更新するのみでよい．

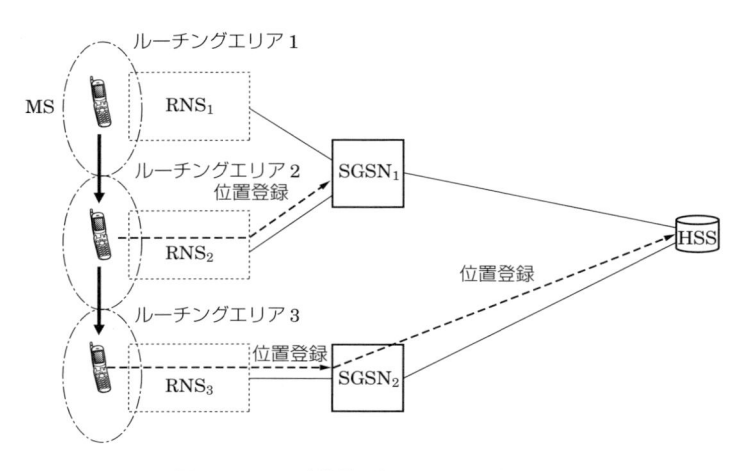

図 3.8 SGSN 内位置登録と SGSN 間位置登録

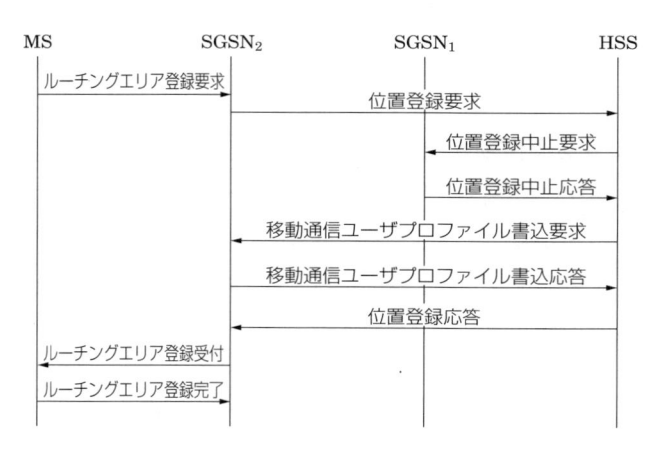

図 3.9 パケット位置登録（ルーチングエリア登録）制御手順

後者の場合は，HSSに記憶されるSGSN番号を移動先のSGSN番号に更新する必要がある．この後者のSGSN間にまたがるパケット位置登録（ルーチングエリア登録）制御手順を図 **3.9** に示す．

MSからルーチングエリア登録要求があると，移動先のSGSN（図中SGSN$_2$）は，MSが別のSGSN（図中SGSN$_1$）のルーチングエリアから移動

してきたことを認識し，更にHSSに位置登録要求を行う．HSSは，$SGSN_1$に対して，これまで記憶していたMSの移動通信ユーザプロファイルを消去するように位置登録中止要求を行い，移動先の$SGSN_2$番号を記憶する．そして，$SGSN_2$に対して，MSの移動通信ユーザプロファイルを送信する．$SGSN_2$からそのプロファイル書込みを確認した後，位置登録応答を$SGSN_2$に行う．$SGSN_2$は，ルーチングエリア登録受付を行い，MSからその完了を確認して位置登録を完了する．

3.4.2　ハンドオーバ制御

パケット交換ネットワークにおいても，2.4.2項で述べた回線交換ネットワークのソフトハンドオーバと同様の制御を行う．

RNS内の無線ゾーン間でMSが移動する場合には，RNSとMSとの間の通信制御のみでソフトハンドオーバを実施できる．隣接するRNS間の無線ゾーン間でMSが移動する場合には，図3.10に示すように，移動前の無線ゾーンのRNS（図中RNS_1）がハンドオーバの切換ポイントになって，隣のRNS（図中RNS_2）までの通信パケットリンク，及び移動先の無線ゾーンの通信パケットリンクを設定する．

図3.11に，ソフトハンドオーバ制御手順を示す．MSから現在の無線ゾーンより隣接する無線ゾーンの無線通信パケットリンクの品質のほうが良いという旨の測定報告を受けると，RNS_1は，その隣接無線ゾーンをカバーする

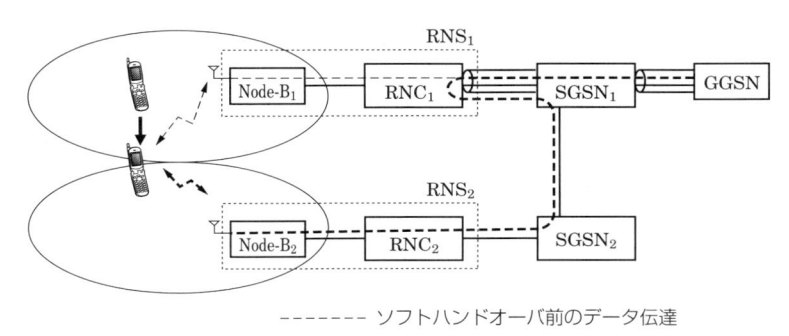

-------- ソフトハンドオーバ前のデータ伝達
━━━━━ ソフトハンドオーバ後のデータ伝達

図3.10　パケット交換ネットワークにおけるソフトハンドオーバ

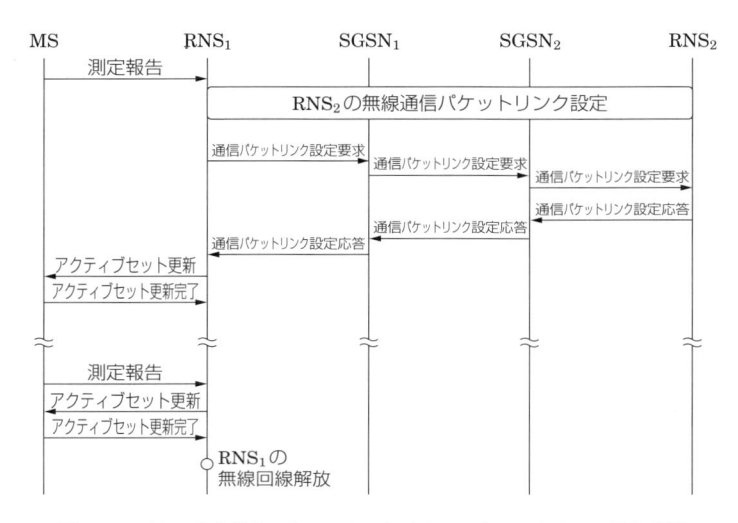

図3.11 パケット交換ネットワークにおけるソフトハンドオーバ制御手順

RNS$_2$に対して，その無線ゾーン内の無線通信パケットリンクを設定させる．次に，RNS$_1$からSGSN$_1$，SGSN$_2$を通したRNS$_2$までの通信パケットリンクを接続する．そして，MSに対して"アクティブセット更新"メッセージを送信し，その完了メッセージを受信することにより，ソフトハンドオーバ状態に入る．すなわち，この時点で，RNS$_1$とMSの間で，RNS$_1$内の無線通信パケットリンクとRNS$_2$内の無線通信パケットリンクを通して通信データを送受信する．更に，MSがRNS$_1$内の無線通信パケットリンクの品質が低下したという旨の測定報告を受けると，RNS$_1$は，MSに対して"アクティブセット更新"メッセージを送信し，その完了メッセージを受信し，その無線通信パケットリンクを解放することにより，ソフトハンドオーバを完了する．

更に，パケット交換ネットワークでは，図3.12に示すように，ソフトハンドオーバ完了後に，MSとの間でアクセス制御を行うRNS，SGSNをパケット通信中に移転（リロケーション）を行うことを可能とする．

図3.12（a）に示すように，RNS$_1$内の無線通信パケットリンクからRNS$_2$内の無線通信パケットリンクにソフトハンドオーバを行った後に，RNS$_1$からRNS$_2$にアクセス制御を移転する場合には，RNS$_1$とSGSN$_1$の間のトンネルを

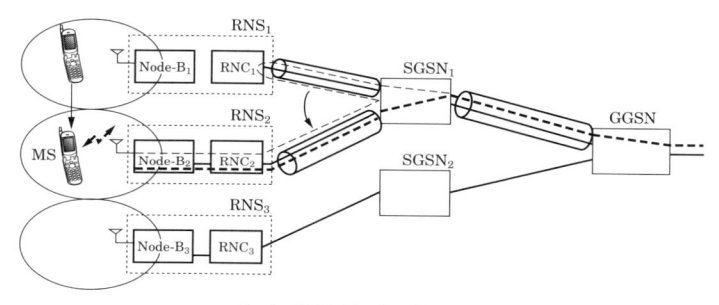

（a） RNS リロケーション

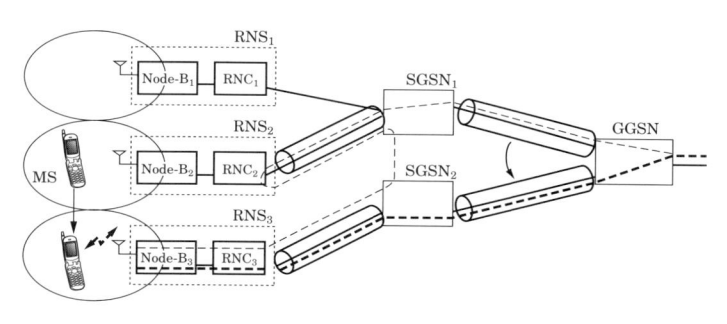

（b） RNS 及び SGSN リロケーション

----- リロケーション前のデータ伝達
----- リロケーション後のデータ伝達

図 **3.12** RNS，SGSN リロケーション

解放し，RNS_2 と $SGSN_1$ の間に新たにトンネルを設定する．更に，図 3.12（b）に示すように，RNS_2 内の無線通信パケットリンクから RNS_3 内の無線通信パケットリンクにソフトハンドオーバを行った後に，RNS_2 から RNS_3 にアクセス制御を移転する場合には，$SGSN_1$ から $SGSN_2$ にアクセス制御を移転することにもなり，RNS_2 と $SGSN_1$ 間及び $SGSN_1$ と GGSN 間のトンネルを解放し，RNS_3 と $SGSN_2$ 間及び $SGSN_2$ と GGSN 間のトンネルを設定する．

図 3.12（b）に示した RNS，SGSN 双方のアクセス制御を移転する場合の制御手順を図 **3.13** に示す．図 3.12（b）において，リロケーション前では，MS からのアクセスは，RNS_3，$SGSN_2$，$SGSN_1$ を通して RNS_2 が制御している．

リロケーション元である RNS_2 でリロケーションを実行すべきと判断する

```
       MS      RNS₂        RNS₃        SGSN₁       SGSN₂       GGSN
              (リロケーション元)(リロケーション先)(リロケーション元)(リロケーション先)
```

(図の内容)
- リロケーション要求（RNS₂→SGSN₁）
- リロケーション要求（SGSN₁→SGSN₂）
- リロケーション要求（SGSN₂→RNS₃）
- リロケーション要求確認（RNS₃→SGSN₂）
- リロケーション応答（SGSN₂→SGSN₁）
- リロケーション指令（SGSN₁→RNS₂）
- リロケーション実行（RNS₂→RNS₃）
- 滞留データ転送
- リロケーション検出（RNS₃→SGSN₂）
- RNS 移動情報（RNS₃→MS）
- 無線通信パケットリンクの設定
- RNS 移動情報確認（MS→RNS₃）
- リロケーション完了（RNS₃→SGSN₂）
- リロケーション完了（SGSN₂→SGSN₁）
- リロケーション完了確認（SGSN₁→SGSN₂）
- トンネル更新要求（SGSN₂→GGSN）
- トンネル更新応答（GGSN→SGSN₂）
- RNS-SGSN 間トンネル解放要求（SGSN₁→RNS₂）
- RNS-SGSN 間トンネル解放確認（RNS₂→SGSN₁）
- 図3.9と同様の位置登録制御手順

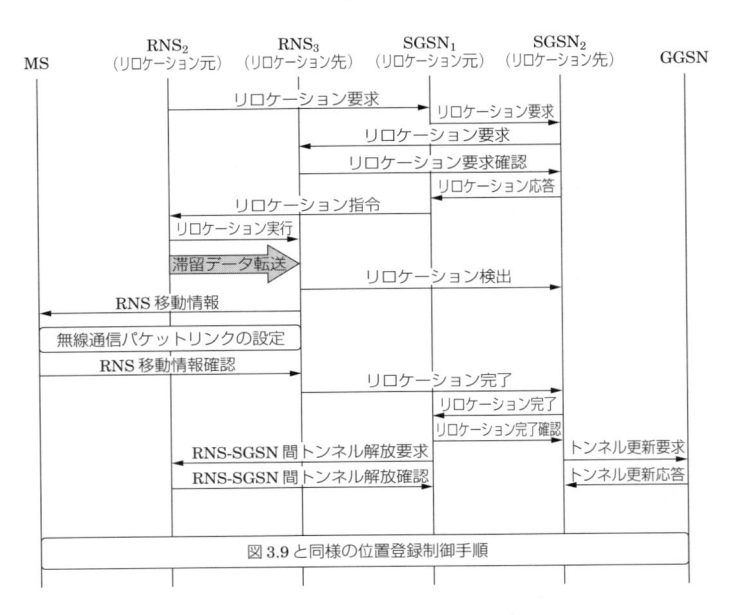

図3.13 RNS, SGSNリロケーション制御手順

と，同じくリロケーション元であるSGSN₁にリロケーション先のRNS（図中，RNS₃）を指定してリロケーション要求を行う．SGSN₁は，そのリロケーション先のRNS₃と接続するSGSN₂にSGSN₁自身もリロケーションすべきと判断する．そして，そのSGSN₂にリロケーション要求を行う．SGSN₂は，更にリロケーション先のRNS₃にリロケーション要求を行い，RNS₃→SGSN₂方向のトンネルを設定する．RNS₃はその要求を確認し，SGSN₂→RNS₃方向のトンネルを設定する．そして，SGSN₂は，SGSN₁にリロケーションの準備ができたことを示すため，リロケーション応答を行う．

次に，SGSN₁は，RNS₂にリロケーション指令を行う．RNS₂は，RNS₃にリロケーションの実行を行い，MSとの間のデータ送受を止めて，滞留しているデータがあれば，RNS₃に転送する．RNS₃は，リロケーション実行命令を検出したことをSGSN₂に報告する．

その後，RNS₃からMSに対してRNSが移動したことを知らせ，RNS₃がMSからのアクセス制御を行うようにするため，MSとRNS₃との間の無線パ

ケットリンクを変更し，この無線パケットリンクと$SGSN_2$までのトンネルとの間でパケット交換接続する．MSからRNSの移動確認があると，RNS_3は，$SGSN_2$にリロケーション完了を通知する．

$SGSN_2$は，$SGSN_1$にリロケーション完了を通知する．$SGSN_1$は，RNS_2とのトンネルを解放する．一方，$SGSN_2$は，$SGSN_1$からリロケーション完了確認を受信すると，GGSNにトンネル更新要求を行い，その応答を受信することにより，$SGSN_2$とGGSN間のトンネルを設定する．そして，$SGSN_2$は，RNS_3までのトンネルとGGSNまでのトンネルとの間でパケット交換接続する．

こうして，MSとRNS_3間の無線通信パケットリンク，RNS_3と$SGSN_2$及び$SGSN_2$とGGSN間のトンネルを設定し，リロケーションは完了する．

その後，3.4.1項と同様の位置登録を行い，HSSに$SGSN_2$番号を登録し，HSSから$SGSN_2$に対してMSの移動ユーザプロファイルが送信される．

3.5 モバイルインターネットアクセス

現在，MSからインターネットに接続されるどの端末との間でも電子メールを送受信でき，インターネットで提供される様々なコンテンツにアクセスすることが可能になっている．

図**3.14**に示すように，インターネットと移動通信パケット交換ネットワークは，ゲートウェイ機能としてモバイルインターネットアクセスシステムを通して接続される．MSのパケット発着信時には，GGSNとモバイルインターネットアクセスシステム内のゲートウェイを接続する．そして，MSと各種アプリケーションサーバとの間でパケットを送受することにより，所望の

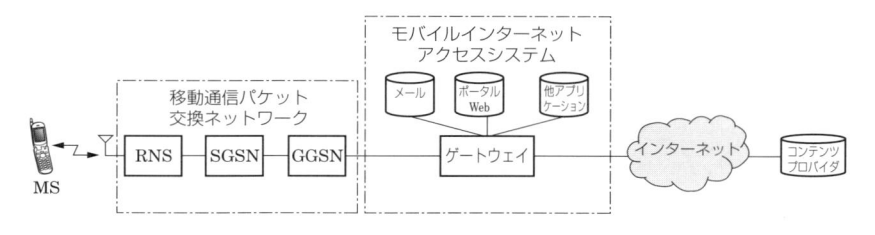

図**3.14** モバイルインターネットアクセス構成

サービスをMSは享受する.

例えば，モバイルインターネットアクセスシステムは，メールサーバを有し，インターネットに対してMSのプロキシとして動作する．すなわち，MSからのメールをパケット交換ネットワークを通していったん受信した後に，インターネットに転送する．また，インターネットからMSへのメールをいったん受信した後に，パケット交換ネットワークを通してMSへ送信する．MSからほかのMSへのメールは，パケット交換ネットワークに折り返して相手先MSに送信する．

また，モバイルインターネットアクセスシステムでは，ポータルWebサーバを有し，MSがアクセス可能な様々なインターネットにおけるコンテンツを表示し，MSがその表示に従って所望のコンテンツにアクセスすることを容易にしている．

このほか，モバイルインターネットアクセスシステムは，外部のコンテンツプロバイダの提供する有料コンテンツの代行課金，セキュリティ制御などを行う．

参 考 文 献

（1） 山内正弥, "パケット交換技術とその応用," 電子通信学会, 1982.
（2） TTC規格JP-3GA-23.002, "Network Architecture."
（3） TTC規格JP-3GA-23.060, "General Packet Radio Service（GPRS）Stage 2."

第4章

マルチメディアネットワーク制御技術

マルチメディアネットワークとは，字のごとく，複数のメディアを提供可能とするネットワークを意味する．第3世代移動通信ネットワークでは，数kbit/sから10数kbit/s程度の電話，数十kbit/s程度の音響，64 kbit/s程度のテレビ電話，384 kbit/s程度の高品質テレビ電話，無線アクセス速度上限の数Mbit/sから10数Mbit/sを使用する電子メールやWebアクセスなど，様々なメディア（コンテンツ）を効率良く制御，伝達する必要がある．

本章では，この移動通信ネットワークのマルチメディア制御技術として，音声符号変換制御，マルチコール制御，回線交換とパケット交換の連結移動管理，及びマルチメディア伝達制御について述べる．

4.1 音声符号変換制御 [1]

移動通信システムでは，莫大な数の移動通信ユーザに対して限られた周波数資源の中で，いかに主メディアである電話トラヒックを品質の劣化を抑えながら効率良く運ぶかが重要な技術課題である．第2世代システム以降，無線区間のディジタル化が施されるようになって，音声符号の低速化が進められた．第3世代システムでは，符号化遅延が多少大きくなるものの，数kbit/sから10数kbit/s程度の低速符号化方式AMR（Adaptive Multi-Rate）で従来のPSTN，ISDNで採用されている64 kbit/sの符号化方式 μ-law PCM（Pulse Code Modulation）とほぼ同等の音声品質を実現している．

このように，第3世代移動通信システムで低速音声符号AMRを採用した場合，PSTN，ISDNの固定電話機との間の音声通信のために，移動通信ネットワークでトランスコーダを用意して，AMRとμ-law PCMの符号変換を行う必要がある（図4.1（1））．MS間の音声通信に対して，このようなトランスコーダを通した音声伝達を単純に採用してしまうと，発側の移動通信ネットワークでAMRからμ-law PCMに変換し，着側の移動通信ネットワークで再びμ-law PCMからAMRに変換し直すことになり，符号変換時の品質劣化，遅延の倍増を招く（図4.1（2-a））．この問題を解決するために，MS間の音声通信の場合には，図4.1（2-b）に示すように，移動通信ネットワークでトランスコーダを介さずに低速音声符号のまま伝達する．

　第2世代移動通信システムにおいても，複数の低速音声符号化方式が採用された．今後，第3世代移動通信システムにおいても更なる低速，高品質の音声符号化方式も開発されることであろう．このように，各MSが異なった低速音声符号化方式を採用する可能性があるため，MS間の音声通信といっ

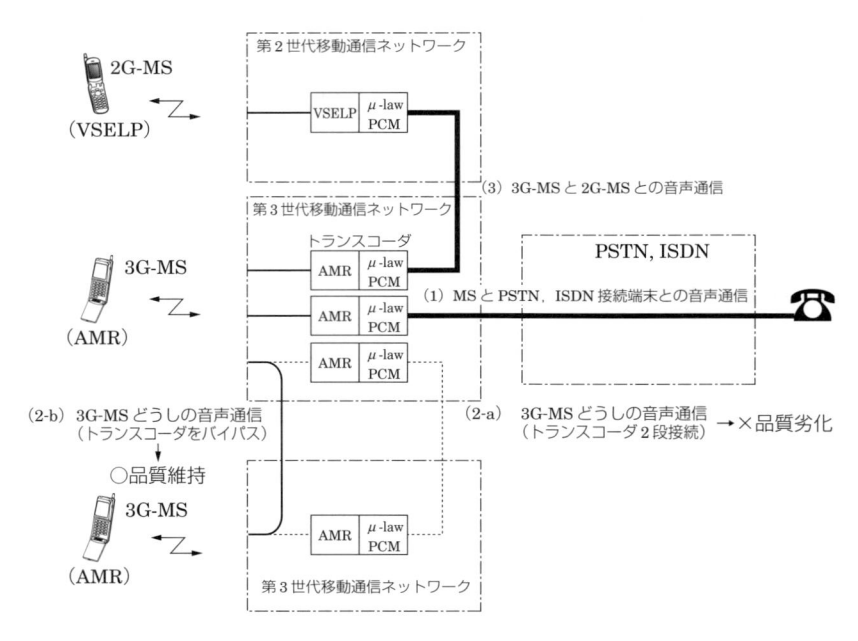

図4.1 音声符号変換制御方式

ても単純にトランスコーダをバイパスして伝達するわけにはいかない．新しい音声符号化方式が開発されるごとに，その新符号化方式と既存の各々の符号化方式を変換するトランスコーダを移動通信ネットワークで用意すれば，符号化変換が1回で済むため品質，遅延上有効であるが，ネットワークコストの観点からは非経済的である．

そこで，図4.1に示したように，移動通信ネットワークは各低速音声符号化方式とμ-law PCMを変換するトランスコーダを用意する．そして，MS間で音声通信を行う場合，双方のMSが同一低速音声符号化方式を採用しているのならば，図4.1 (2-b) のように，トランスコーダをバイパスしてその低速音声符号をそのまま伝達する．異なる低速音声符号化方式を採用しているのならば，図4.1 (3) のように，各トランスコーダを接続し，品質，遅延の劣化を犠牲にして伝達する．図4.1 (3) の例では，AMRをサポートする第3世代移動通信システムのMSと，VSELP (Vector Sum Excited Linear Prediction) をサポートする第2世代移動通信MSの間の音声通信におけるトランスコーダ接続状態を示す．この場合，第3世代移動通信ネットワークにおいてAMRとμ-law PCMの音声符号化変換を行うトランスコーダを接続し，第2世代移動通信ネットワークにおいてVSELPとμ-law PCMの音声符号化変換を行うトランスコーダを接続し，双方のトランスコーダを接続し，ネットワーク間をμ-law PCMの音声符号で伝達する．

通常，いったん新しい音声符号化方式が開発されると，現実的には，それ以降に製品化されるMSはその新方式を採用することになり，このような異なる音声符号化方式間の音声伝達はMSの音声符号化方式の移行期に必要になる．

したがって，トランスコーダを接続するかバイパスするかを決定するためには，移動通信ネットワークが双方のMSの音声符号化方式の種類を通信開始時に調べる必要がある．

図4.2に，複数の音声符号化復号装置CODEC (COder and DECoder) を有するMS_1からMS_2に電話接続する場合の音声符号選択制御手順を示す．まず，MS_1は"呼設定"メッセージにて，所有するCODECの種類x, y, zを発側のMSC_1/VLR_1に通知する．MSC_1/VLR_1は，これらのCODEC種類を

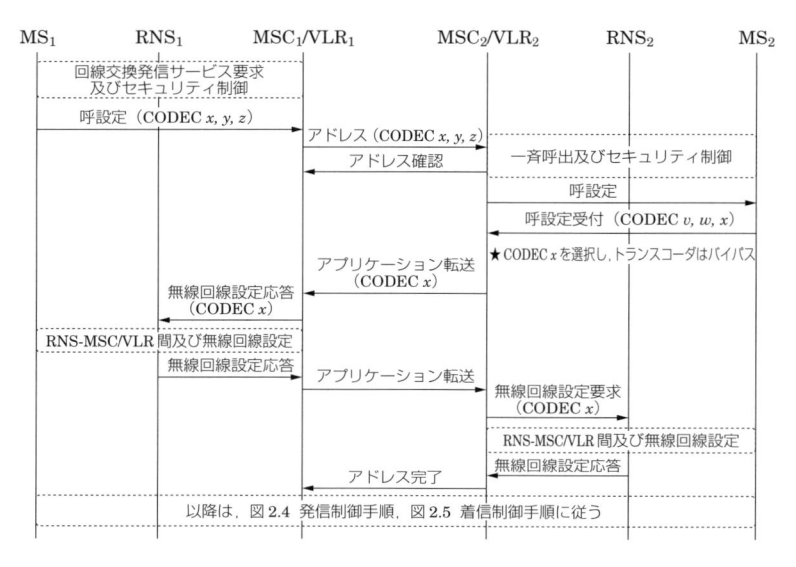

図4.2 音声符号選択制御手順

"アドレス"メッセージにて着側 MSC_2/VLR_2 に伝える．MSC_2/VLR_2 は，通常の着信処理を続け，MS_2 から CODEC の種類 v, w, x を有する"呼設定受付"メッセージを受信する．MSC_2/VLR_2 は，MS_1 と MS_2 の所有する CODEC の種類を照合する．この場合，両者ともに CODEC x を有するので，CODEC x を用いてネットワーク内のトランスコーダをバイパスした接続が可能である．そこで，MSC_2/VLR_2 は，"アプリケーション転送"メッセージを用いて，CODEC x を使用するように MSC_1/VLR_1 に伝える．MSC_1/VLR_1 から RNS_1 に無線回線設定要求を行い，CODEC x を MS_1 に使用するように伝える．MS_1 のための無線回線を設定し終わると，MSC_1/VLR_1 から MSC_2/VLR_2 に"アプリケーション転送"メッセージを用いて応答し，着信側でも同様に無線回線設定要求を行い，CODEC x を MS_2 に使用するように伝える．以降は，2.3節に述べた発着信制御手順に従う．

なお，この"アプリケーション転送"メッセージを送受する際に MSC_1/VLR_1 と MSC_2/VLR_2 間の伝送路において CODEC x の速度に合わせた速度の回線を接続することによって，伝送路の回線使用効率化を図ることが可能である．

4.2 マルチコール制御 [2]

　第2世代移動通信システムまでは，1MS当り同時に接続できる回線交換通信は，1通信に限定されていた．移動通信ユーザは，電話，ファクシミリ，モデム通信などの何れかの回線交換サービスを交互に享受するしかなかった．付加サービスとして，電話中に第三者から着信があった場合にその第三者との通話に切り換えるといった，いわゆるコールウェイティングサービスが提供されているが，それでも，やはり同時には1通信に限定されている．

　第3世代移動通信システムでは，回線交換サービスのための無線回線速度が最大数百kbit/s程度にまで高速化されるため，各MSに同時に複数の回線交換呼接続サービス（マルチコール）を提供することが可能である．こうすることにより，例えば，64 kbit/sのビデオストリーミングを鑑賞しながら，8 kbit/sの電話をするといった回線交換マルチメディアサービスを享受できる．また将来，長距離バスなどの公共輸送手段の各座席に電話機とスクリーンが設置されることを想像してみよう．この場合，バスに1台のMSが設置してあれば，このようにマルチコール接続機能によって，各乗客がそのMSを通して自由に座席でテレビ電話やビデオストリーミングサービスを享受できる．

　このマルチコール接続のためには，既に複数の通信中に，第2章で述べた

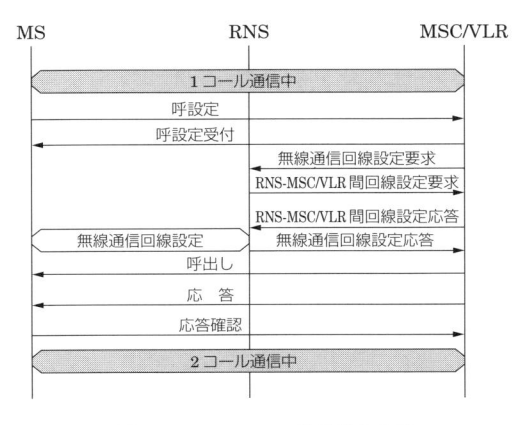

図4.3　マルチコール発信制御手順

発着信制御と同様の手順をとればよい．図4.3に，通信中時に2コール目の発信を行う場合の接続制御手順を示す．

MSが通信中にほかの着信を行う場合には，そのMSの存在する無線ゾーンは特定されているのであるから，一斉呼出は不要である．

理論的には，無線回線速度X（kbit/s）に対して，回線交換サービス所要速度をY（kbit/s）とすると，1MSは同時にX/Y通信可能であるが，1無線ゾーン内に特定のMSだけがすべてまたは大部分の無線回線を占有するというのは，公衆移動通信サービスとして不適当である．したがって，現実の運用では，1MS当りの同時通信数は限定される．

また，このマルチコール接続は，ハンドオーバの際に新たな運用上の問題を引き起こすことになる．同時通信数を1通信に限定してきた第2世代移動通信システムまでは，ハンドオーバに際し，移動先のゾーンでその通信に割り当てる無線回線がなければ，通信を切断していた．マルチコールでは，ハンドオーバに際して，移動先の無線ゾーンで複数の通信に必要な総無線回線数より少ない無線回線しか空いていない場合が存在する．この場合に，どの通信をハンドオーバしてどのほかの通信を切断するのか，それともすべての通信を切断してしまうのか．この判断は，移動通信事業者の運用に委ねられる．

4.3　回線交換とパケット交換の連結移動管理 [3]

パケット交換サービスは第2世代移動通信システムから提供されているが，1MSがパケット交換サービスと回線交換サービスを同時に享受することはできなかった．例えば，ユーザは電子メールを送受信中に電話をすることはできないし，電話中に電子メールを送受信することもできなかった．

第3世代移動通信システムでは，無線回線速度が高速化されるため，各MSに同時に回線交換サービスとパケット交換サービスを提供することを可能とする．この場合，MSに対して第2章，第3章で述べた回線交換及びパケット交換の移動管理の双方を行う必要がある．

回線交換サービスに対しては，MSが位置登録エリアLA（Location Area）をまたがるごとに位置登録を行う．パケット交換サービスに対しては，MSがルーチングエリアRA（Routing Area）をまたがるごとにルーチングエリ

ア登録を行う.このように,回線交換サービスとパケット交換サービスの独立性を保つために位置管理はLA,RAで別々に行っているが,現実のシステムでは各々のエリアは同一か,または重なっている.このような場合,回線交換,パケット交換双方の機能を持つMSがLA,RAをまたがった場合,これらの独立の移動管理機能のみネットワークが持っていたのでは,MSから回線交換の位置登録要求と,パケット交換のルーチングエリア登録要求の双方を行わなければならず,無線回線の有効利用という観点からは得策ではない.

そこで,図4.4に示すように,MSC/VLRとSGSNの間に制御インタフェースを設けて回線交換とパケット交換の移動管理を連結させる.すなわち,無線回線上は回線交換とパケット交換のどちらか一方の移動管理手続きを行い,ネットワーク内部で双方の移動管理を行うのである.実際には,回線交換方式よりもパケット交換方式が後に開発,標準化されたため,この連結移動管理は,そのパケット交換方式の開発時に必要性が認識され,無線回線上ではパケット交換の移動管理手続きをとる.

図4.5に,回線交換の位置登録とパケット交換のルーチングエリア登録の連結制御手順を示す.MSは,LAとRAの双方を登録する旨の情報を持って,SGSNに対してパケット交換のルーチングエリア登録要求を行う.SGSNは,まず,図3.9と同等のルーチングエリア登録手続きをネットワークで起動し,

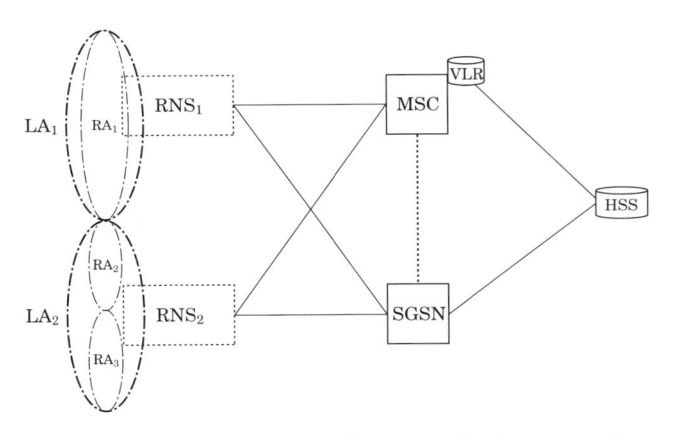

図4.4 回線交換とパケット交換の連結移動管理のためのネットワークアーキテクチャ

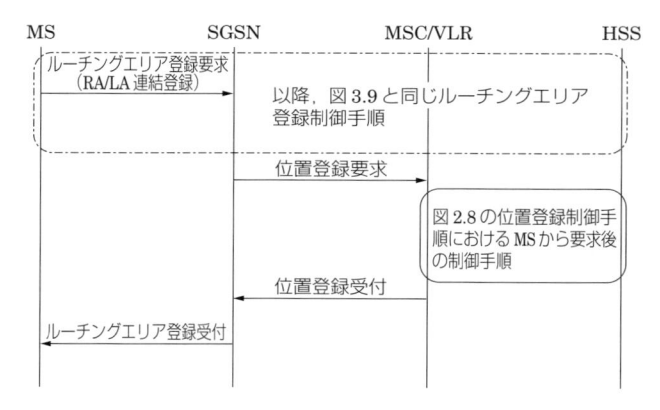

図4.5 回線交換位置登録とパケット交換位置登録（ルーチングエリア登録）の連結制御手順

その手続き終了後，MSC/VLRに位置登録要求を行う．MSC/VLRは，図2.8と同等の位置登録手続きを起動し，その手続き終了後にSGSNに位置登録受付を行う．そしてSGSNは，MSに対してパケット交換のルーチングエリア登録受付を行い，パケット交換ルーチングエリア登録と回線交換位置登録を完了する．

一方，MSが回線交換，パケット交換双方の機能を持つ場合に，図4.6に示すように，回線交換呼の着信時にも，MSC/VLRからSGSNに依頼してSGSNから一斉呼出を行い，その応答はMSC/VLRで受け付ける．これは，

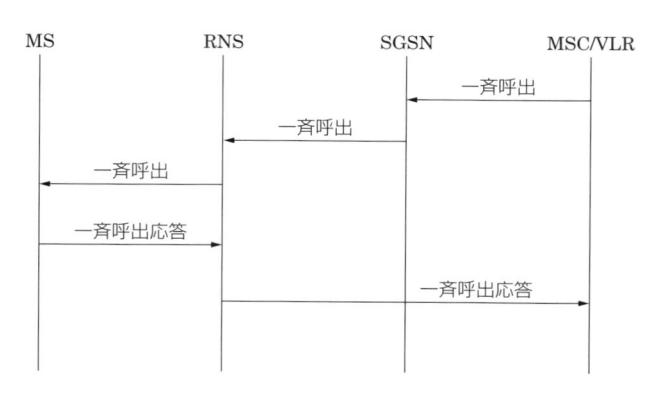

図4.6 回線交換着信時のSGSN経由での一斉呼出手順

一般に，LAよりRAのほうが位置登録エリア内の無線ゾーン数が一般には少ないため，一斉呼出をRAに対して行ったほうが少ない数の無線ゾーンを呼び出すことで実際にMSが存在する無線ゾーンを特定でき，その結果，無線回線を有効利用できるからである．SGSNにおいて，対象とするMSが回線交換通信中かどうかMSC/VLRから得ることによって，回線交換通信中のパケット交換着信時に一斉呼出を省略することが可能である．

また，回線交換及びパケット交換双方が通信中の場合のハンドオーバでは，RNS，MSC/VLR，SGSNを固定するソフトハンドオーバを行い，3.4.2項で述べたようなパケット交換通信特有のRNSリロケーションは行わない．

4.4 マルチメディア伝達制御

移動通信ネットワークは，論理的には，第2章で述べた回線交換ネットワーク，及び第3章で述べたパケット交換ネットワークで構成される．これらの論理ネットワークをそのまま別々に実装すると，図**4.7**（a）に示すように，

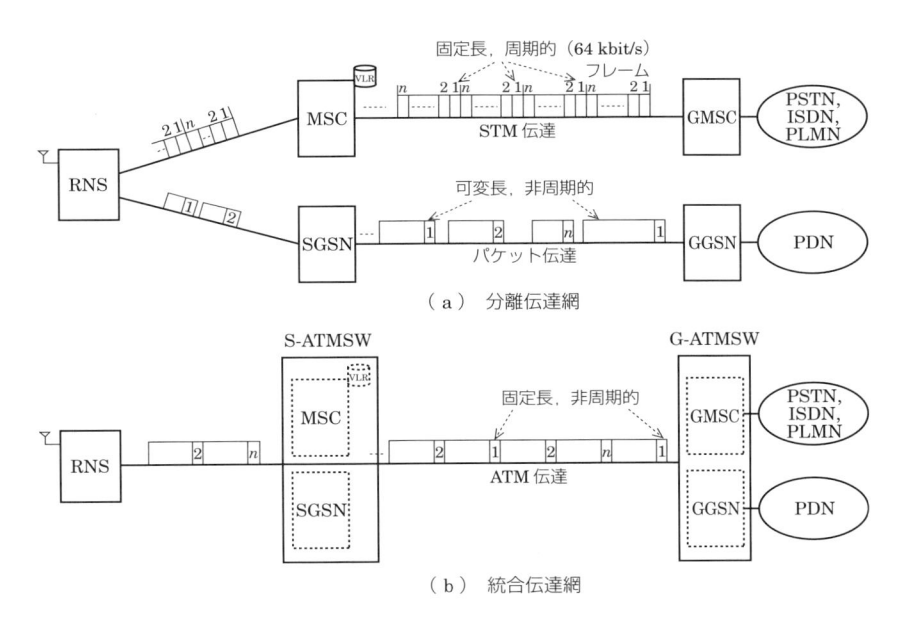

図**4.7** 分離伝達網と統合伝達網

各々STM伝達機能（STM交換機とSTM伝送路），パケット伝達機能（パケット交換機とパケット伝送路）が必要になる．この論理的に異なる2種類の伝達機能を統合し，ネットワークの経済化を図る伝達方式が，ATM (Asynchronous Transfer Mode)[4]である．

ATMは，当初，ISDNを高速，広帯域化したB-ISDN (Broadband-ISDN)を構築するために研究開発が進められた伝達方式である．ISDNは，ユーザ・網インタフェースの統一は図られたものの，ネットワーク内部は回線交換ネットワークとパケット交換ネットワークに分離して実装していた．当時，64 kbit/sから数百Mbit/sまでの高速，広帯域サービスを狙いとしていたB-ISDNは，これらの分離ネットワークでは経済性の面で実装は困難であると考えられた．例えば，64 kbit/s固定速度で時分割に周期的に伝達するSTM方式では，64 kbit/sから数百Mbit/sまでの様々な速度のトラヒックを効率的に運ぶことは困難である．また，データが発生するごとに可変長のパケットに包んで非周期的に伝達し，伝達順序を整え伝送誤り時に再送を行うパケット方式では，途中のパケット交換機内においてソフトウェアでこれらの複雑な処理を行うため，1 Mbit/s程度までしか高速化できないと想定された．

そこで，ATMでは，これらのSTM伝達，パケット伝達の長所のみを採用して高速，広帯域トラヒックの伝達を実現した．すなわち，ATM伝達は，通信データをヘッダの付いた53バイト固定長のセルで伝達する．パケット伝達と同様に，情報が発生するごとにセルに分割，組立を行って伝達するので，様々な速度のトラヒックを効率良く伝達できる．また，セルが固定長であること，再送制御などを通信端末間に委ねることにしたため，交換機内でハードウェアによるスイッチングを行い，数百Mbit/sまでの伝達が可能である．

第3世代移動通信システムでは，通信データの上限速度は数十Mbit/sであるが，4.1節で述べたように，下限速度は低速音声の数kbit/sである．したがって，第3世代移動通信ネットワークにおいても，数kbit/sから数十Mbit/sの様々なトラヒックを効率良く運ぶために，ATMは有効である．移動通信ネットワークでは，図4.7（b）に示すように，交換機間，交換機とRNS間，更には，RNS内のRNCとNode-B間においても，ATMを適用できる．

ATMは，単一フォーマットのセルで様々なトラヒック特性を持つ通信デー

タを運ぶ．とはいっても，実際の通信データを効率良く運ぶためには，その通信データのトラヒックの特徴に合わせた制御情報を伴って運ぶ必要がある（このトラヒックに合わせた調整を，ATMアダプテーションと呼ぶ）．これまで，このアダプテーションの種類は，5タイプが考案されているが，移動通信システムでは，図**4.8**に示すように，タイプ1，タイプ2，タイプ5を使用する（タイプ3/4は，参考文献（4）などのATM専門書を参照されたい）．

　タイプ1は，連続した固定速度のデータ，すなわち従来の回線交換に向いたデータを伝達する場合に用いられる．図4.8（a）に示すように，このタイプ1では，制御ヘッダを通信データの先頭に付加して，ATMセルの損失や誤挿入の検出，1ビット誤り訂正と複数ビット誤り検出，セル遅延揺らぎ補償を行う．

　タイプ5は，間欠的に発生する可変速度のデータ，すなわち従来のパケット交換に向いたデータを伝達する場合に用いられる．このタイプ5では，制御トレーラを通信データの後尾に付加して，間欠に発生するデータ単位の誤

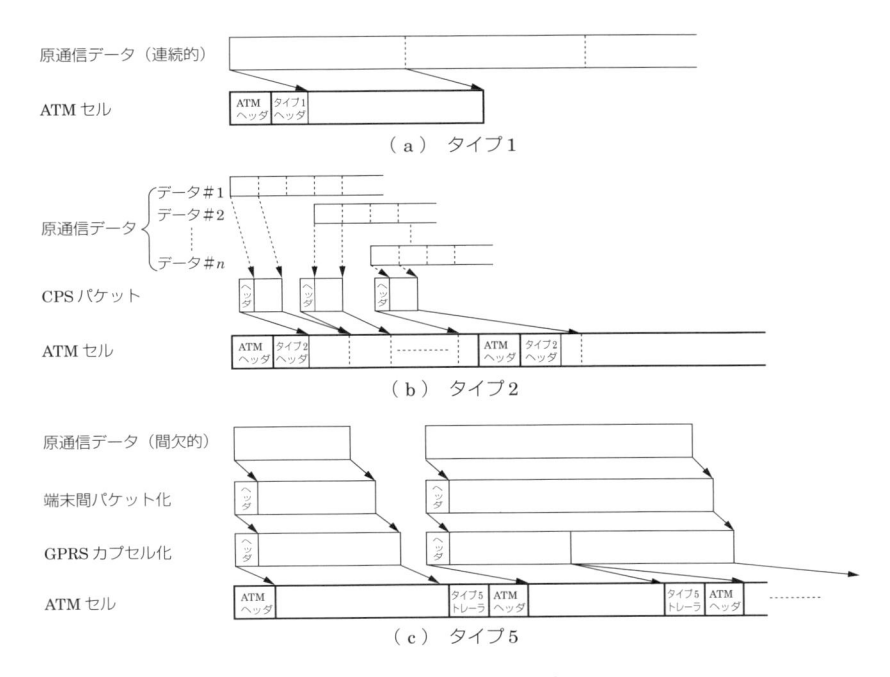

図**4.8**　各通信データのATMアダプテーション

り検出,訂正を行う.移動通信ネットワークでこのタイプ5ATMを採用する場合には,図4.8（c）に示すように,原通信データを端末において端末間パケットで包み,更に,第3章で述べた移動通信パケットネットワーク内でカプセル化したパケットをATMセルに乗せて伝達する.

上述したように,ATMは元来,B-ISDNの構築を目的としたものであり,通信データの最低速度を64 kbit/sと想定してセル長が決められた.したがって,移動通信ネットワークにおいて,数kbit/s程度の低速音声データを上記のタイプ1を用いて伝達する場合,ATMセルをすべて埋めてから伝達したのでは,セルの組立のための遅延が加わり,品質の劣化を招く.一方,この品質劣化を防ぐために,ある程度のデータで埋めて伝達したのでは,伝達効率が落ちてしまう.そこで,このような64 kbit/s以下の通信データを効率良く伝達することを目的としたのが,タイプ2である[5].

図4.8（b）に示すように,タイプ2では,異なる端末からの通信データを,まず,ヘッダの付いた可変長パケット（CPSパケットと呼ぶ）に包み,これらのパケットをATMセルに相乗りさせて伝達する.CPSパケットヘッダは,CPSパケットの識別,CPSパケット単位の誤り制御を行う.また,このCPSパケットは,二つのATMセルにまたがって運ぶことも可能である.このために各ATMセルヘッダの直後にタイプ2ヘッダを設けて,その後続するデータが前のATMセルの最後のCPSパケットのデータの続きかどうかを識別する.

参 考 文 献

(1) TTC規格JP-3GA-23.153, "Out of Band Transcoder Control - Stage 2."
(2) TTC規格JP-3GA-23.135, "Multicall Supplementary Service - Stage 2."
(3) TTC規格JP-3GA-23.060, "General Packet Radio Service（GPRS）Stage 2."
(4) 青木利晴,青山友記,濃沼健夫,"広帯域ISDNとATM技術,"電子情報通信学会,1995.
(5) ITU-T Rec. I.363.2, "B-ISDN ATM Adaptation Layer Specification: Type 2 AAL," Sep. 1997.

第 5 章

移動端末番号と識別子

　固定通信ネットワークでは，ユーザが通信契約すると，端末を接続したい場所に加入者線を設置して，その物理的な地域と場所に応じた通信番号が割り当てられる．これに対して，どこでも通信を可能とすることが本質の移動通信ネットワークでは，MSの物理的な地域や場所に依存した情報を通信番号に含める必要がない．

　本章では，移動端末MSに割り当てられる番号と識別子の構成とその役割について述べる．また，我が国における移動端末番号の変遷，及び世界主要各国の番号構成についても紹介する．

5.1　移動端末番号と識別子の関係

　移動通信では，MSに向けて通信を行うために，MSに対して誰にでも公開可能な番号を割り当てる必要がある．一方，サービスエリアの中には数多くのMSが存在するために，移動通信ネットワークはその中からサービスを提供する対象のMSを識別しなければならない．この識別には，後述するように，番号とは別の識別子を用いる．これらの番号と識別子の各使用法とその関係を図5.1に示す．

　まず，PSTN，ISDN，PLMNの任意の端末からMSに対して，MSの番号MSISDN（Mobile Station ISDN Number）を持って発信する．その発信網からMSのホーム網のGMSCまで，MSISDNに基づいてルーチングする．

```
            ┌─ホーム網─┐
┌PSTN, ISDN, PLMN┐     HSS      ┌─在圏網─┐
```

図5.1 移動通信ネットワークにおける移動端末番号と識別子の使用法

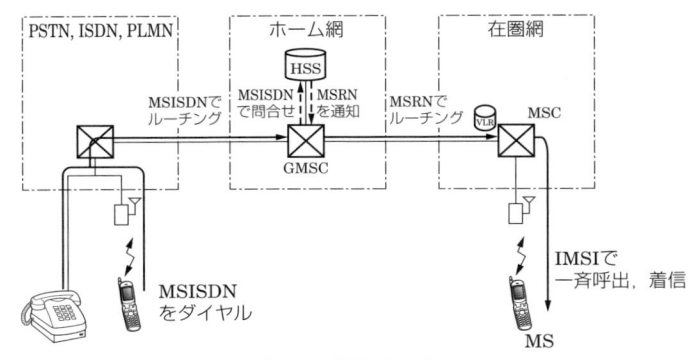

MSISDN : Mobile Station ISDN Number
MSRN   : Mobile Station Roaming Number
IMSI   : International Mobile Station Identity

MSのホーム網では,第2章で述べたように,MSISDNから,HSSに記憶しているローミング番号MSRN (Mobile Station Roaming Number) を引き出して,そのMSRNに基づいて,MSの移動先の在圏網のMSC/VLRまでルーチングする.MSC/VLRは,そのMSRNに対応する,MSの識別子IMSI (International Mobile Station Identity) を引き出して,無線区間においてIMSIを持ってMSに一斉呼出,及び着信を行う.

5.2 移動端末番号

5.2.1 番号構成

MSISDNに関しては,10.4.1項で述べるように,国際標準化機関であるITU (International Telecommunication Union) の国際勧告E.213[(1)]において,種々の要求条件が規定されている.まず,移動端末は固定網の端末から通信が行えることが,番号構成の第1原則である.同様に,従来の固定網の課金,料金計算の原則が使用できること,ダイヤル手順を合わせるよう考慮することがあげられている.

これらの要求条件から,MSISDNには,

CC + NDC + SN

CC : Country Code
NDC : National Destination Code
SN : Subscriber Number

図5.2 移動端末番号MSISDNの構成

図5.2に示すように，ITU勧告E.163[2]，E.164[3]に規定されたPSTN，ISDN用の番号計画が用いられる．すなわち，MSISDNは，国コードCC（Country Code），国内宛先コードNDC（National Destination Code），及び加入者番号SN（Subscriber Number）で構成される．

特に，各国で自由に割り当てられるNDCとしては，以下の2方式を考慮している．

【方式1】 PSTN，ISDNで使用していないNDCを移動通信の識別コードとして割り当てる．

【方式2】 移動通信特有の識別コードを割り当てず，移動通信ユーザが契約している地域のPSTN，ISDNのNDCを割り当てる．

5.2.2 日本における番号体系の変遷

日本において，移動端末番号体系がどのように移り変わってきたか，図5.3を用いて説明する．図中において，AからJ，Kまでは市外電話を掛けるための"0"に続くダイヤル番号の各桁を表す．

我が国では，1979年セルラ方式による本格的な移動通信システムが，日本電信電話公社により"大都市用・中小都市用方式"という名称で商用化された．この大都市用・中小都市用方式システムは，図5.3（a）に示すように，NDCの先頭2桁ABに，当時の電話網で使用していなかった"30"を，移動通信サービスと識別する番号として割り当てた．すなわち，日本では，当初から，勧告E.213のNDCとして，上記の方式1を採用している．また，"30"に続く2桁CD

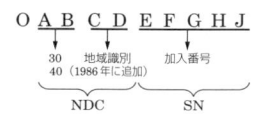

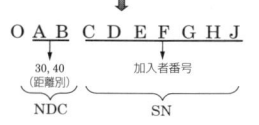

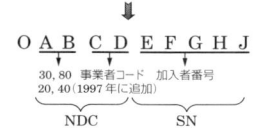

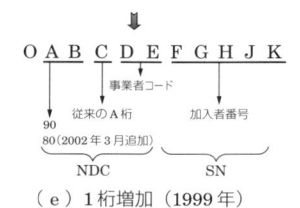

図5.3 日本における番号体系の変遷

は，地域識別番号を示した．すなわち，大都市用・中小都市用方式は，移動端末に通信を行う場合には，その移動端末が存在すると思われる地域を指定する必要があり，番号の使用方法の観点からは「地域指定方式」と呼ばれた．電話網においては，通常，発信側の加入者交換機において，ダイヤル番号に基づいて課金指数を決定する．また，中継交換機などにおいては，ダイヤル番号に基づいてルーチングを行う．地域指定方式は，これらの電話網の課金，ルーチング方法を変更せずに，移動端末へ着信することを目的としたものである．その後1986年には，番号容量の拡大のために，移動通信サービス識別番号として"40"も追加された．

この地域指定方式では，1）移動端末に割り当てられる番号はEFGHJコードのみであり，番号容量が数十万程度と小さいこと，2）指定した地域と異なる地域に移動端末が存在する場合には，発信者はその存在地域の番号CDを持って発信し直す必要があること，などの欠点があった．そこで，1988年にNTTが次の"大容量方式"システムを商用化した際に，図5.3（b）に示すような番号体系により，発信者が移動端末の地域を指定せずに着信することをほぼ可能とする「準地域無指定方式」を導入した．本方式では，CD桁も加入者番号として使用できるため，約1,000万の容量まで番号を増大することとなった．本方式では，距離別2段階の課金形態をとるために，AB桁に"30"と"40"を使用した．すなわち発信者は，発信地域と着信先の移動端末との距離が160km以下と思われれば"30"を，160km以下であると思われれば"40"をダイヤルする必要があり，距離を誤った場合には掛け直しをしなければならなかった．これは，当時の固定電話網の古いクロスバ交換機が，ダイヤルされた番号から課金指数を決定するのみで，ルーチングを開始した後にはその指数を変更することができなかったためである．

その後，複数の新規移動通信事業者が設立されるようになると，図5.3（c）に示すように，CD桁は事業者を識別するために使用されるようになる．この時点までの移動通信システムは，1.3節で述べたように，第1世代移動通信システムに分類される．1993年になって，第2世代移動通信システムPDCが商用化され始めたが，第1世代，第2世代ともに，以降，同一の番号体系が用いられた．また，移動通信ユーザは同一番号のまま，第1世代の移動端末と第2

世代の移動端末を任意に変更することが可能であった．

更に，1996年初めには，容量拡大のために，AB桁に"80, 90"も追加された．

1996年後半に2段階の課金形態を廃止することに伴って，ようやく「地域無指定方式」が導入された．AB桁としては，図5.3 (d) に示すように，"30"と"80"を使用し，"40"と"90"を廃止した．一方，容量拡大のために，新たに"10"を採用した．翌年には，更に容量拡大のために，"20"と"40"を採用した．

そして，移動通信加入者数の飛躍的な伸びに対応するために，図5.3 (e) に示すように，1999年には，番号を10桁から11桁に1桁増加した．AB桁は，移動通信サービスを識別するために"90"で統一し，それまでに使用していたA桁（"1", "2", "3", "4", "8"）はC桁で使用し，DE桁を事業者識別に使用し，FGHJK桁を加入者番号として使用するようになった．現在，第3世代システムにおいても，この番号体系が使用されている．

日本では，システムの世代が変わっても，移動通信ユーザは使用するMSの番号を変更することを必要としていない．このような，いわゆるシステム世代間の番号ポータビリティは，新世代システムをスムーズに導入していくために必須である．

5.2.3 諸外国における番号体系

表5.1に，世界の主要各国の移動端末番号体系を示す．各国ごとに桁コードも様々であるが，アメリカがNDC方式2を採用しているのに対し，欧州，アジアの中国，韓国は方式1を採用している．

なお，近年，欧米諸国及び韓国などにおいて，移動通信ユーザが契約先の移動通信事業者を変更しても，それまでに使用していた番号を継続できる"番号ポータビリティ"を実現している．我が国においても，2006年以降の実施が計画されている．

表5.1 主要各国の移動端末番号体系（2005年1月現在）

国名	移動端末番号体系
日本	+81 A B C D E F G H J K 　　　└─移動通信　　└→各移動通信事業者に必要ごとに割当て 　　　　サービスコード "90"
アメリカ	+1 A B C D E F G H J K 　　└─エリアコード　└→事業者に割当て
イギリス	+44 S A B C D E F G H I J 　　　└─移動通信　　└→各移動通信事業者に割当て 　　　　サービスコード "77", "78", "79"
フランス	+33 Z A B P Q M C D U 　　　└─移動通信　└→各移動通信事業者に割当て 　　　　サービスコード "6"
ドイツ	+49 A B C D E F G H J K L 　　　└─移動通信　└→各移動通信事業者に割当て 　　　　サービスコード "15", "16", "17"
イタリア	+39 A B C D E F G H I 　　　└─移動通信　└→各移動通信事業者に割当て 　　　　サービスコード "3"
スウェーデン	+46 A B C D E F G H J K 　　　└─移動通信　└→各移動通信事業者に割当て 　　　　サービスコード "70", "73", "76"
フィンランド	+358 A B C D E F G H J 　　各移動通信事業者に2〜4桁割当て
中国	+86 A B C D E F G H I J 　　各移動通信事業者に割当て（現在は "3X"）
韓国	+82 A B C D E F G H I J 　　各移動通信事業者に割当て（現在は "1X"）

5.3 ローミング番号

図5.1に示したように，移動ユーザが契約した網（ホーム網）から実際にMSが存在する網（在圏網）にルーチングするために，移動端末番号MSISDNとは異なったルーチング番号MSRNを使用する．

このMSRNもITU勧告E.213で規定されており，図5.4に示すように，MSの移動先の在圏網の国コードと，その在圏網のVLRで一時的に割り当てられる番号で構成される．

第5章 移動端末番号と識別子

```
┌─────────┐     ┌─────────────┐
│ 在圏網の │  +  │在圏網で一時的に│
│ 国コード │     │割り当てられる番号│
└─────────┘     └─────────────┘
```

図5.4 ローミング番号MSRNの構成

5.4 移動端末識別子

移動通信システムでは,限られた無線周波数資源を数多くのMSで共用して各MSが要求するごとにその一部を割り当てる.したがって,移動通信ネットワークは,MSがネットワークにアクセス(発着信,位置登録)するときに,各MSを識別する必要がある.この識別には,以下のような理由で,番号とは別の識別子を使用する.

(1) 加入者数の増大に伴い桁数を増やす必要が生じた場合に,その内蔵番号を書き換える必要がある.
(2) この識別は無線区間を通して行われるため,第6章で述べるように,一般に公開する番号では,無線区間における第三者からの盗聴に対してセキュリティやプライバシーを守るうえで支障がある.
(3) MSを紛失した場合に内蔵番号を書き換える必要がある(厳密には第6章で述べる秘密キーを変更すれば,この理由(3)は問題にはならない).

このIMSIに対しては,ITU勧告E.212[4]において,図5.5のような構成が規定されている.すなわち,IMSIは,移動国コードMCC(Mobile Country Code),移動ネットワークコードMNC(Mobile Network Code),及び移動

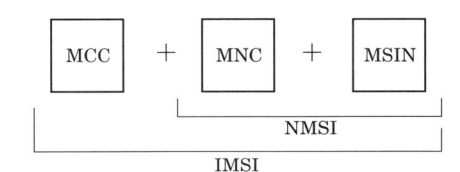

```
┌─────┐   ┌─────┐   ┌─────┐
│ MCC │ + │ MNC │ + │MSIN │
└─────┘   └─────┘   └─────┘
              └─────NMSI─────┘
     └────────IMSI────────┘
```

MCC : Mobile Country Code
MNC : Mobile Network Code
MSIN : Mobile Station Identification Number
NMSI : National Mobile Station Identity

図5.5 移動端末識別子IMSIの構成

端末識別番号MSIN（Mobile Station Identification Number）で構成される．特に，MNCとMSINの組合せを国内移動端末識別子NMSI（National Mobile Station Identity）と呼ぶことがある．

IMSIは，上記の理由（1）のために，全地球上の移動端末総数を当面収容できる程度の容量を持った固定長である必要があり，総桁数15桁と規定されている．また，上記の理由（2）のために，IMSIは一般に非公開の識別子であり，それを使用するMSの移動通信ユーザ自身にすら公表されない．

MCCの各国への割当ては，PSDN，ISDNの番号計画のCCの割当てとは異なる．日本にはMCCとして"440"，"441"が割り当てられている（CCは"81"）．日本国内では，MNCとして2桁を用いて各移動通信事業者に割り当てている．世界各国では，同様にMNCに2桁若しくは3桁使用して各移動通信事業者に割り当てている．

5.5　移動端末装置識別子 [5]

GSMから発展した第3世代移動通信システムでは，図5.6に示すように，IMSIはMSから挿脱可能なUSIM（Universal Subscriber Identity Module）と呼ばれるICチップに設定される．換言すれば，USIMをMSに装着して初めて，MSは第3世代通信システムにアクセス可能となる（厳密には，国際標準仕様上は，USIMなしでも，警察，消防などの緊急通信は可能である）．

このように，移動端末装置とUSIMを分離することによって，移動通信事業者は，移動通信ユーザが加入したときに，このUSIMにIMSI（及び第6章で述べる秘密キーなど）を設定して，移動通信ユーザに配布する．移動通信ユーザは，任意のメーカが製造販売する第3世代の移動端末装置にUSIMを装着して，第3世代移動通信システムにアクセスすることが可能である．

移動通信サービスは，移動通信ネットワークと移動端末装置との間の

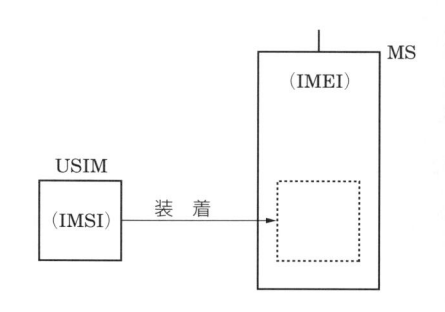

図5.6　IMSIの設定モジュール

第5章 移動端末番号と識別子

制御のやり取りで実現される．移動通信ネットワークは，国際標準が追加規定されるとともに機能発展していく．その一方で，古い機能しか持たない移動端末装置にも，継続して限定されたサービスを提供していく必要がある．このためには，移動端末装置がどのバージョンの国際標準をサポートしているか移動通信ネットワークは知る必要がある．また，移動端末を紛失，盗難された場合に，その移動端末を第三者が使用したことを検知するためにも，移動端末装置自体も識別できることが必要である．

これらの目的のために，移動端末装置に対して，図5.7に示すような移動端末装置識別子IMEI（International Mobile station Equipment Identity）を設定する．IMEIでは，移動端末番号や移動端末識別子とは異なり，国コードは不要である．IMEIは，タイプ割当コードTAC（Type Allocation Code），連続番号SNR（Serial NumbeR），及びソフトウェア版数SVN（Software Version Number）で構成される．

```
  (8桁)        (6桁)       (2桁)
 ┌─────┐    ┌─────┐    ┌─────┐
 │ TAC │ +  │ SNR │ +  │ SVN │
 └─────┘    └─────┘    └─────┘
 ←─────────── IMEI(16桁) ───────────→
```

TAC：Type Allocation Code
SNR：Serial Number
SVN：Software Version Number

図5.7　移動端末装置識別子IMEIの構成

このIMEIは，国際的には英国のBABTという組織で管理され，日本では，10.3.2項で述べる標準化機関ARIBが国内を代表してTACの割当てをもらい，国内の移動端末メーカに対して申請に応じて1機種ごとに配分している．1機種で使用できるIMEI数はSNR6桁分，すなわち100万台である．100万台を超える場合には，新たなTACを同一機種に配分することもある．また，移動端末のソフトの版数をSVNで識別している．

参 考 文 献

（1）ITU勧告 E.213, "Telephone and ISDN Numbering Plan for Land Mobile Stations in Public Land Mobile Networks."
（2）ITU勧告 E.163, "Numbering Plan for the International Telephone Service."
（3）ITU勧告 E.164, "Numbering Plan for the ISDN Era."
（4）ITU勧告 E.212, "Identification Plan for Land Mobile Stations."
（5）TTC規格 JP-3GA-23.003, "Numbering, Addressing, and Identification."

第 6 章

ネットワークセキュリティ技術

　移動通信事業者は，通信サービスビジネスを運用していくために，外部からのセキュリティ攻撃を阻止しなければならない．また，ユーザに有料で通信サービスを提供するためには，ユーザのセキュリティ及びプライバシーを保障する必要がある．

　本章では，まず，移動通信ネットワークに対するセキュリティ脅威を分析する．そして，そのセキュリティ脅威に対応するネットワークアーキテクチャと，セキュリティ制御技術について述べる．

6.1　セキュリティ脅威 [1], [2]

　移動通信ネットワークの外部との接点は，大きく分けると，図 6.1 に示す

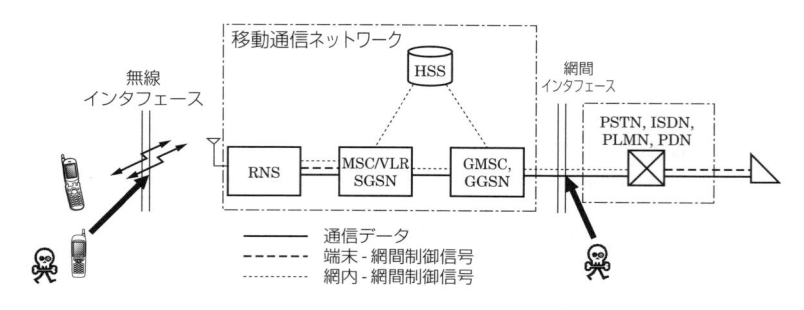

図 6.1　移動通信ネットワークへの悪意侵入路

ように，MSとの間の無線インタフェース，及び隣接する他網との間の網間インタフェースである．

このうち，網間インタフェースに関しては，移動通信網事業者と隣接する網事業者との間で相互接続に関する商業契約を結び，商用化前に十分な相互接続試験を行い，商用化後にも運用監視を行う．すなわち，網間インタフェースは，二事業者間に閉じられたインタフェースであり，悪意のある第三者が相当額の投資を行わずには侵入困難な場所である．したがって，実際に，これまで，本インタフェースでセキュリティ攻撃が行われた事件は見られない．網間の制御信号メッセージに対して，セキュリティ対策を施すためのパケットでカプセル化して運ぶといった制御方式も考案されているが，まだ，商用には至っていない．

一方，無線インタフェースは開かれたインタフェースであり，悪意のある第三者（以下，侵入者と呼ぶ）が容易に侵入可能であるため，十分なセキュリティを施す必要がある．この侵入者によるセキュリティ脅威としては，主に，以下の例があげられる．

(1) 侵入者がある特定の正当な移動通信ユーザの通信状況（通信場所，通信相手，通信時刻，通信時間，など）を盗聴．
(2) 侵入者が正当な移動通信ユーザになりすまして，通信サービスを享受．
(3) 侵入者が正当な移動通信ユーザの通信データ，及び制御メッセージを盗聴．
(4) 侵入者が正当な移動通信ユーザの通信データ，及び制御メッセージを改ざん．

注意すべき点は，これらのセキュリティ脅威はすべて，何らかの形で侵入者に得るものがあるという点である．例えば，脅威（1）や（3）は，正当な移動通信ユーザのプライバシー情報の盗聴である．侵入者は，本情報をブラックマーケットで販売することにより，利益を得るかもしれない．脅威（2）は，侵入者が無料で通信サービスを享受できる．脅威（4）は，例えば，移動通信ユーザが，あるビジネス取引データを送る際に，侵入者が，そのデータ自体を改ざんしたり，通信相手先の番号を変更することにより移動通信ユーザの通信情報を引き出したりする場合が考えられる．その結果，侵入者に新

たな取引をもたらせることになって，侵入者は利益を得るかもしれない．

これらよりやっかいなセキュリティ脅威は，このような侵入者に対する実質的な利益がないにもかかわらず，不特定ユーザに対して行われる"愉快犯罪"行為である．例えば，侵入者が妨害電波を出した場合があげられる．また，位置登録やハンドオーバ，発信を行って通話開始前に切断する行為を繰り返すことによって，ネットワークの各ノードの負荷を増大させ，ネットワークのふくそうを招く場合である．これらの攻撃行為は，その犯人を捕らえる以外に，手段はない．

上記の各脅威（1）〜（4）に対して，以下のネットワークセキュリティ対策が考えられる．

脅威（1）対策：移動通信ユーザを侵入者が識別できないようにする（識別子機密）．

脅威（2）対策：移動通信ユーザがネットワークにアクセスしたときに，正当な移動通信ユーザかどうか調べる（認証）．

脅威（3）対策：侵入者が，移動通信ユーザの通信を盗聴しても，判読できないようにする（秘匿）．

脅威（4）対策：移動通信ユーザのデータ，及び制御信号の正当性を調べる（インテグリティ）．

6.2　セキュリティネットワークアーキテクチャ[3]

図**6.2**に，無線アクセスセキュリティのためのネットワークアーキテクチャを示す．基本的なコンセプトは，HSSと，5.5節で述べたUSIMにのみ同一の秘密キーと暗号アルゴリズムを持ち，その暗号演算結果を用いて，セキュリティ制御を行うことである．この秘密キーは，HSSから移動通信事業者のネットワーク運用管理者ですら読み出すことは不可能とし，また，USIMを使用するユーザですら知らされない．

上記の四つのセキュリティ制御手順は，概略，以下のとおりである．まず，MSが，5.4節で述べた非公開の移動端末識別子IMSIを持って，MSC/VLRまたはSGSNに対してアクセスする．MSC/VLRまたはSGSNは，MSの認証を行うために，HSSとUSIMの暗号演算結果を照合する．認証が成功する

第6章 ネットワークセキュリティ技術

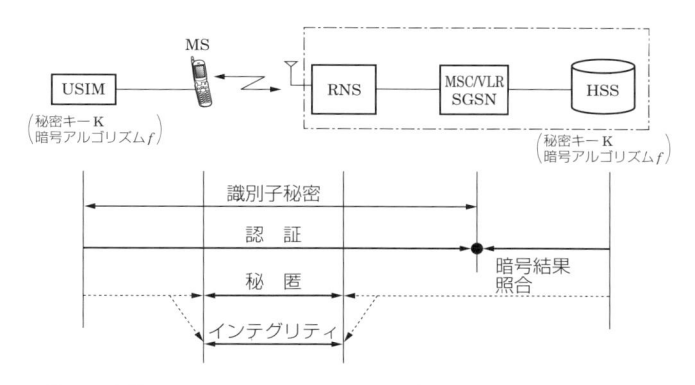

図6.2 無線アクセスセキュリティのためのネットワークアーキテクチャ

と，USIMにおいて暗号演算により生成した暗号キーをMSに設定し，同時にHSSにおいて暗号演算により生成した同等の暗号キーをRNSに設定して，秘匿及びインテグリティ処理を施す．

セキュリティ制御を考えるにあたっては，2.5節で述べた相互接続ネットワークモデルにおいて，図6.3に示すように，各機能網間，移動通信ユーザ間，及び各機能網と移動通信ユーザ間の信頼関係を考慮すべきである．

契約関係のある二者間では，セキュリティに関して互いに信頼関係にあり，秘密情報を共有することが可能であると考えることが妥当である．まず，移

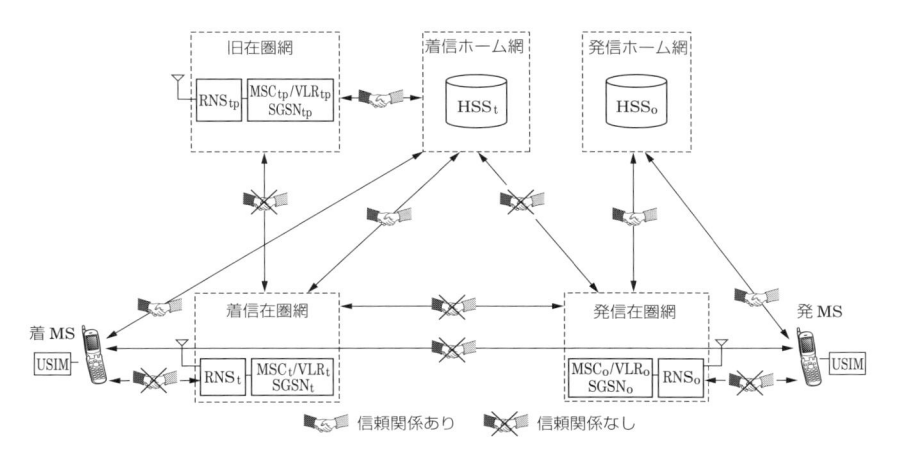

図6.3 各機能網間，移動通信ユーザ間，及び各機能網と移動通信ユーザ間の信頼関係

動通信ユーザは，ホーム網に通信サービス契約を行うのであるから，ホーム網とUSIMの間には，セキュリティ上の信頼関係を有する．すなわち，ホーム網から配布されたUSIM内の情報（IMSI，秘密キー）は信頼できる．

次に，ホーム網と在圏網は，ローミングサービス契約を結ぶのであるから，二者間に信頼関係を有する．

ホーム網と移動通信ユーザ間は通信サービス契約，ホーム網と在圏網との間はローミングサービス契約があるが，移動通信ユーザとローミング先の在圏網の間には，直接の契約がないことにも注意すべきである．したがって，移動通信ユーザが在圏網にアクセスする場合には，双方ともに，相手が本当に共通のホーム網と契約しているかどうか確認すべきである．

また，MSがローミングを行う前後の在圏網は，MSのホーム網との間で各々契約を結んでいるのみであって，互いに直接の契約は結ばない．各在圏網は，相手の在圏網がどのホーム網と契約をしているかどうかも知らない．したがって，一般に，これらの在圏網間の信頼関係は低いと考え，秘密情報は共有すべきではない．

発信在圏網と着信ホーム網，発信在圏網と着信在圏網は，通信中にその途中の中継網を経由して接続しており，一般には直接の契約は結ばない．同業者としてのモラルは当然存在するが，信頼関係は上記に比べて低く，秘密情報を必要以上に流すべきではない．例えば，MSへの着信時には，発信在圏網は，そのMSの移動端末番号から着信ホーム網にルーチングするのみであり，実際にMSが在圏している網がどこであるかはわからない．しかし，2.5節で述べたような最適ルーチングを行う場合には，発信在圏網が着信側のMSの在圏網を知ることが必要である．したがって，最適ルーチングを行う場合には，発信在圏網と着信ホーム網の間で契約を結ぶことが必要となる．

また，移動通信ユーザと，移動通信ユーザに向けて発信するユーザとの間に関しては，誰でも移動通信ユーザに対して通信を行うことが可能であるので，一般にはこれらのユーザ間にも信頼関係はない．すなわち，ユーザ間で秘密情報を共有してしまうようなネットワークであってはならないし，ユーザ間で秘密情報を共有することに頼るネットワークセキュリティ制御であってもならない．

例えば，移動通信ネットワークは，移動通信ユーザがどこにいるかわからなくても，移動通信ユーザのMSの移動端末番号を用いて通信を行うことを可能とするのが特徴であるのだから，その移動通信ユーザの位置情報は，その移動通信ユーザに向けて発信するユーザに対しても公表しないことが，セキュリティ上の基本である．

以下では，上記の各ネットワークセキュリティ制御に関して詳述する．

6.3 識別子機密

移動通信システムでは，無線周波数を数多くのMSが共用して必要時に使用するため，MSがネットワークにアクセス（発着信，位置登録）するごとに，各MSが識別子を提示する必要がある．この最初のアクセス時に，識別子に6.5節で述べるような秘匿を掛けることはできない．したがって，この識別子に，5.2節で述べた一般公開されている移動端末番号MSISDNを使用したのでは，侵入者が容易にどの移動通信ユーザでも識別，追跡できてしまう．そこで，移動通信ユーザの識別子機密という点から，5.4節で述べた移動端末識別子IMSIを使用する．

IMSIを使用した場合であっても，この識別子は秘匿を掛けられずに無線区間を伝達するわけであるから，侵入者が執拗にターゲットの移動通信ユーザの通信を盗聴していれば，移動通信ユーザが固定のIMSIを何度か使用しているうちに特定できてしまう．

そこで，移動通信ユーザの識別子機密性をより高めるために，移動端末が位置登録を行うごとに識別子を変更する．回線交換位置登録時のこの仮移動端末識別子TMSI（Temporary Mobile Station Identity）の割当て手順を，図 **6.4** に示す．MSは，移動前で割り当てられた$TMSI_{old}$と，その位置登録エリア識別子LAI_{old}を持って，位置登録要求を行う．移動先の位置登録エリアを収容するMSC_{new}/VLR_{new}は，LAI_{old}からその位置登録エリアを収容するMSC_{old}/VLR_{old}に，$TMSI_{old}$を持って識別子要求を行う．MSC_{old}/VLR_{old}は，$TMSI_{old}$から，その移動端末のIMSI（及び次節で述べる認証ベクトル）を持って識別子応答する．この認証ベクトルを用いて次節以降で述べるように，認証を行い，無線区間に秘匿を施し，インテグリティの検査を行う．以降，図

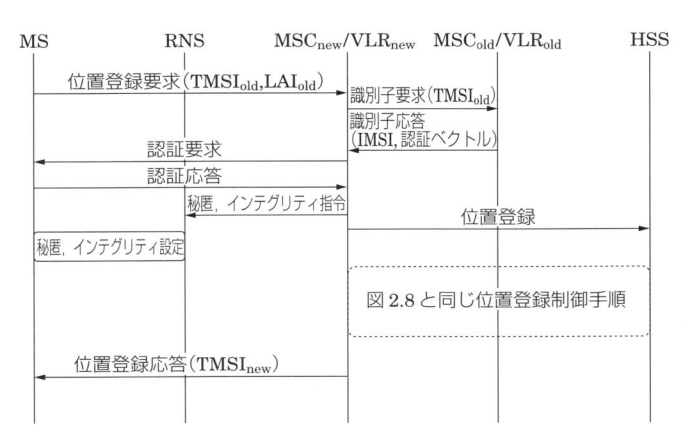

図6.4 位置登録要求時のTMSI変更制御手順

2.8と同等の位置登録手順を新旧MSC/VLRとHSSとの間で行い，MSC_{new}/VLR_{new}は新たな$TMSI_{new}$を持って位置登録応答を行う．

パケット交換位置登録時にも，図3.9に示した制御手順において同様の識別子機密制御を行い，TMSIを割り当てる．

このように，TMSIは，常に無線区間で秘匿を施した状態で受け渡されるので，侵入者が盗聴することはできない．この位置登録後は，その割り当てられたTMSIを用いて発着信制御を行う．

6.4 認　証

移動通信ユーザが，移動通信サービスにアクセスする場合，そのホーム網は，正当なユーザかどうか認証を行う．移動通信ユーザは，自らが契約した移動通信事業者のみならず，その事業者がローミング契約する世界中のあらゆる事業者にアクセスするため，この移動通信ユーザの認証は，そのローミング先の移動通信事業者が代行して行う．すなわち，図6.3に示した機能網モデル上では，移動通信ユーザへの認証をそのMSが存在する在圏網が移動通信ユーザのホーム網を代行して行うことになる．この場合，6.2節で述べたように，移動通信ユーザと在圏網は直接の契約関係はないため，移動通信ユーザとそのホーム網が共有する秘密キーをその在圏網が用いて認証を行うこと

第6章 ネットワークセキュリティ技術

は不適当である．また，移動通信ユーザにとっても，認証を代行する在圏網が本当に自分のホーム網と契約している在圏網かどうか認証を行うことも必要である．この在圏網の認証を行わないと，侵入者が在圏網になりすまして移動通信ユーザのIMSIを取得し，その位置を特定できるほか，様々な不正行為を行われてしまう危険がある．

図6.5にこの移動通信ユーザ及び在圏網の相互認証制御手順を示す．在圏網（MSC/VLRまたはSGSN）は，ホーム網（HSS）に対して，対象となる移動通信ユーザのIMSIを持って認証に必要なデータ（認証ベクトルと呼ぶ）を要求する．ホーム網では，その移動通信ユーザに割り当てている秘密キーを用いて暗号演算を行い，以下の情報を持つn回分の認証ベクトルを生成し，在圏網に送信する．

認証ベクトルAV_i（Authentication Vector i，ただし，$i = 1, \cdots, n$）：=

乱数$RAND_i$（RANDom number i），

認証トークン$AUTN_i$（AUthentication TokeN i），

期待される応答$XRES_i$（eXpected RESponse i），

秘匿キーCK_i（Cipher Key i），

インテグリティキーIK_i（Integrity Key i）．

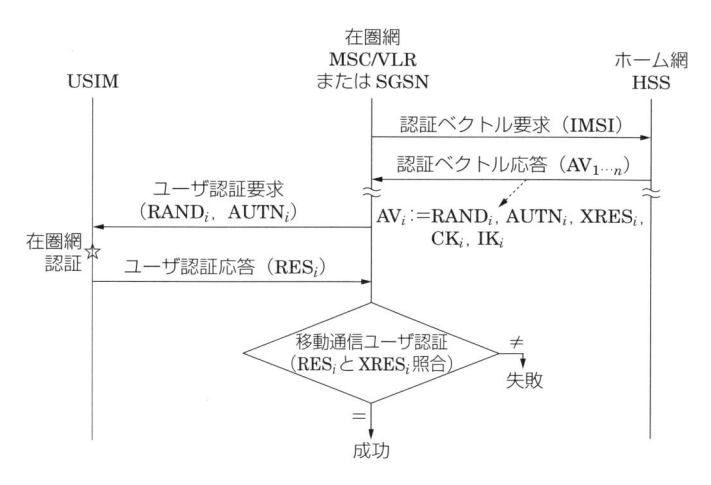

図6.5　移動通信ユーザ及び在圏網の相互認証制御手順

在圏網は，認証1回ごとに1認証ベクトルを用い，その認証ベクトルのうち，$RAND_i$と$AUTN_i$のみを持って，USIMに対してユーザ認証要求を行う．USIMは，自らに割り当てられた秘密キーを用いて，HSSと同等の暗号演算を行い，在圏網の認証を行い，正当であると判断すると，暗号演算結果RES_i（RESponse i）を持って，ユーザ認証応答する．

在圏網では，$XRES_i$とRES_iを照合し，一致すれば，移動通信ユーザはホーム網の正当ユーザであると判断する．

ホーム網から在圏網に認証ベクトルを送信する手順と，在圏網とUSIMとの間で相互認証を行う手順は基本的に独立である．すなわち，在圏網（MSC/VLRまたはSGSN）は，MSが自網内にローミングしてきたときにホーム網からn組の認証ベクトルを受け取っておき，その認証ベクトルを使い切ってしまったつどホーム網から補充する．また，前節で述べたように，MSが回線交換の位置登録，パケット交換のルーチングエリア登録を行うごとに，移動先のMSC/VLRまたはSGSNは，移動前のMSC/VLRまたはSGSNに残っている認証ベクトルを引き継いで受け取る．

HSSにおける認証ベクトルの生成方法は，図**6.6**に示すとおりである．認証ベクトルAV_iを生成するための暗号演算に用いる入力パラメータは，秘密キーK，乱数$RAND_i$，連続番号SQN_i（SeQuential Number i），及び認証とキー管理フィールドAMF（Authentication and key Management Field）である．このAMFは，HSSとUSIMで複数の認証アルゴリズムを保有してい

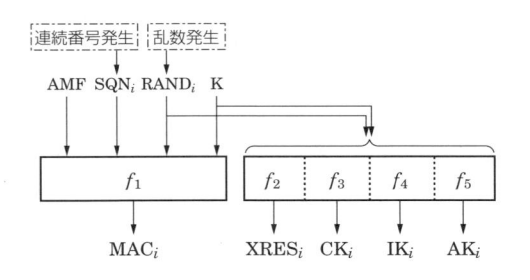

$AUTN_i := SQN_i \oplus AK_i, AMF, MAC_i\ (i = 1, \cdots, n)$
$AV_i := RAND_i, XRES_i, CK_i, IK_i, AUTN_i\ (i = 1, \cdots, n)$

図**6.6** HSSにおける認証ベクトル$AV_1 \cdots AV_n$の生成

第6章 ネットワークセキュリティ技術

る場合にそのうちの一つを選定する，などに使用する．これらの4入力パラメータから暗号関数f_1〜f_5を用いて5出力パラメータを生成する．具体的には，4パラメータすべてをf_1に入力して，メッセージ認証コードMAC_i（Message Authentication Code i）を生成する．また，秘密キーK，乱数$RAND_i$のみをf_2〜f_5に入力して，各々$XRES_i$，CK_i，IK_i，及び匿名キーAK_i（Anonymity Key i）を生成する．これらの入出力パラメータのうち，秘密キーK以外の8パラメータによって認証ベクトルAV_iを構成する．具体的には，SQN_i，AMF，及びMAC_iで$AUTN_i$を構成する．なお，SQN_iを無線区間でそのまま送信したのでは，そのSQN_iを盗聴し続けることにより侵入者が移動通信ユーザを特定できてしまう恐れがあるため，AK_iとの間で排他的論理和演算を行ってパラメータを作成する．この$AUTN_i$とほかのパラメータ$RAND_i$，$XRES_i$，CK_i，IK_iでAV_iを構成する．

次に，図6.7を用いて，USIMにおける認証制御を説明する．

まず，秘密キーKと乱数$RAND_i$を暗号関数f_5に入力して匿名キーAK_iを復元する．次に，このAK_iで排他的論理和演算を行うことによりSQN_iを復元する．そして，自らが保持するK，受信した$RAND_i$，AMF及び復元したSQN_i

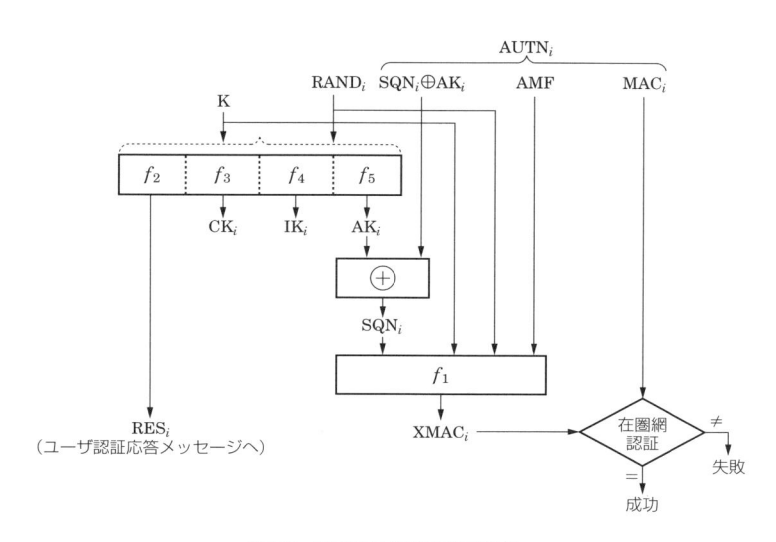

図6.7　USIMにおける認証制御

を暗号関数f_1に入力して，期待されるメッセージ認証コード$XMAC_i$（eXpected MAC_i）を出力する．

ここで，MAC_iと$XMAC_i$を照合し，一致すれば，これらのパラメータはホーム網が生成したパラメータと秘密キーKで暗号演算されたものであり，これらを送信した在圏網は，ホーム網と信頼関係のある在圏網であると判断する．

また，侵入者が$AUTN_i$と$RAND_i$を盗聴して，それらを用いて在圏網になりすますことに対応するために，SQN_iのチェックを行う．すなわち，USIMは十分な数の過去に送信されたSQN_iを記憶しておき，もし，あるSQN_iが過去SQNと同一の値である場合には，在圏網が不当であると判断して侵入者のなりすましを防ぐ．この連続番号SQNは，HSSとUSIMの間で同期がはずれてしまう場合もあり，このような場合には，USIMで期待するSQNに同期するように，USIMとHSSの間で在圏網を通して同期回復手順がとられる．

このようにして，MAC_iと$XMAC_i$の照合，及びSQN_iのチェックにより在圏網の認証を完了すると，USIMは秘密キーK，乱数$RAND_i$を$f_2 \sim f_4$に入力して，各々RES_i，CK_i，IK_iを生成する．そして，RES_iを持って在圏網に対してユーザ認証応答を行う．

在圏網ではRES_iと$XRES_i$を照合し，一致すれば移動通信ユーザはホーム網の正当なユーザであると判断する．

この相互認証は，ホーム網とそのホーム網が配布するUSIMにおいて暗号演算を行うことで実現できる．すなわち，この暗号演算アルゴリズムはすべての移動通信事業者に共通である必要はなく，各移動通信事業者が任意に強固なアルゴリズムを随時採用することが可能である．

6.5 秘匿

秘匿は，無線区間において，移動通信ユーザの通信データや制御信号を侵入者に盗聴されないようにするセキュリティ技術である．図**6.8**に示すように，MSと在圏網のRNSが送信時に暗号演算したデータ（KEYSTREAMブロック）で，もともとの平文ブロックと1ビットずつ排他的論理和演算を施し，受信時に，同等の暗号演算に基づくKEYSTREAMブロックで排他的論理和演算を施し，平文ブロックを取り出す．

第6章 ネットワークセキュリティ技術

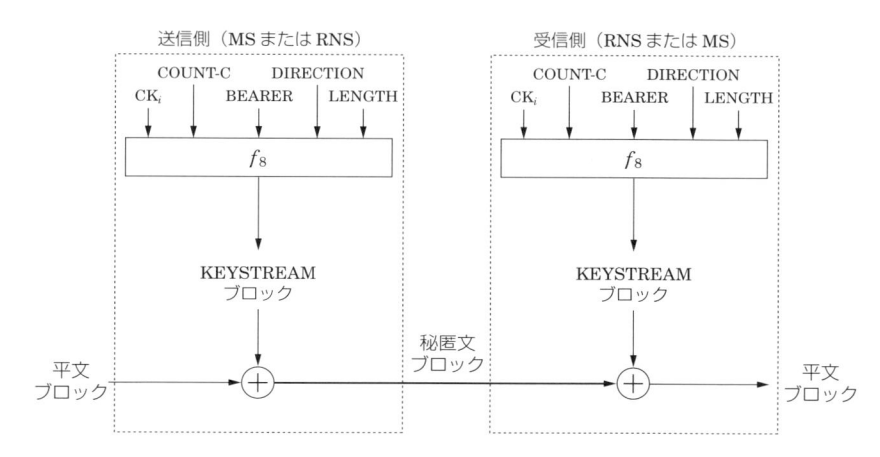

図6.8 秘匿制御

この暗号演算 f_8 に入力される秘匿キー CK_i は，前節で述べた認証制御手順の中でHSS及びUSIMで生成されたものである．HSSで生成された CK_i は，認証ベクトル AV_i のパラメータとして在圏網（MSC/VLRまたはSGSN）に送られる．この CK_i は，6.1節で述べたように，網間インタフェースでは侵入者が制御信号を盗聴する可能性が極めて低いこと，6.2節で述べたように，ホーム網と在圏網にはローミング契約に基づいた信頼関係があることから，なんらセキュリティ制御を施さずにホーム網から在圏網に送信される．

そして，前節で述べたユーザ認証後に，その CK_i はRNSに設定される．この CK_i は，ハンドオーバ時にRNS間で引き継がれて同等の秘匿制御が継続される．一方，USIMで生成された CK_i はMSの秘匿演算部に設定される．

暗号演算 f_8 には CK_i のほか，COUNT-C（COUNT-Ciphering），BEARER，DIRECTION，及びLENGTHを入力する．

COUNT-Cは連続番号カウンタ値であり，KEYSTREAMブロックを生成するごとに1ずつ増加する．初期値は，MSがアクセスしたときに無線制御回線を設定する際に，MSからRNSに指定する．

BEARERは，MSが同時に使用している無線ベアラ（無線通信回線または無線パケットリンク）を区別して各々別の秘匿を施すために使用する．

DIRECTIONは，データの方向（MS→RNSまたはRNS→MS）を区別し

て各々別の秘匿を施すために使用する．LENGTHは，KEYSTREAMブロックのビット長を規定する．

この秘匿制御では，MSが自分の契約した移動通信事業者とは別の事業者の網に移動しても実施することを可能とするために，暗号演算アルゴリズムf_8は，国際標準方式を最低1方式は有する．MS及び各移動通信事業者は別の暗号演算アルゴリズムを有してもよく，実際にどのアルゴリズムを使用するかは，秘匿制御を開始する前に，MSと在圏網で交渉して選択する．

6.6 インテグリティ

図**6.9**にインテグリティ制御メカニズムを示す．本インテグリティ制御では，無線区間で送受される制御信号の正当性チェックのみを行う．移動通信ユーザの通信データのインテグリティは，相手端末との間で制御することを期待している．本インテグリティ制御では，送信側で，制御信号に対して，暗号演算出力MAC-I（Message Authentication Code-Integrity）を付加し，受信側で，同様に，その制御信号から暗号演算出力XMAC-I（eXpected MAC-I）を導き，MAC-IとXMAC-Iを照合して，正当性をチェックする．この暗号演算f_9に入力されるインテグリティキーIK_iは，前節で述べた秘匿キーCK_iと同様に，認証制御手順の中でHSS及びUSIMで生成されたものである．HSSで生成されたIK_iは，認証ベクトルAV_iのパラメータとして在圏網（MSC/VLRまたはSGSN）に送られる．そして，6.4節で述べたユーザ認証

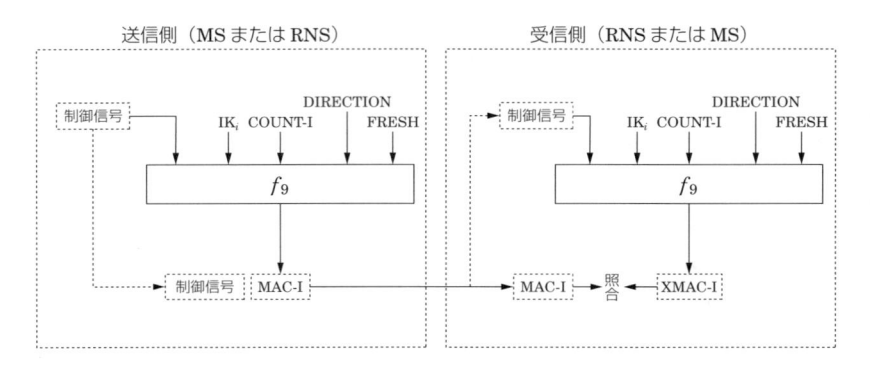

図**6.9** インテグリティ制御

後に，そのIK$_i$はRNSに設定される．このIK$_i$は，ハンドオーバ時に，RNS間で引き継がれて，同等のインテグリティ制御が継続される．一方，USIMで生成されたIK$_i$は，MSのインテグリティ演算部に設定される．

暗号演算f_9には，CK$_i$のほか，COUNT-I (COUNT-Integrity)，DIRECTION，及びFRESHを入力する．

COUNT-Iは，連続番号カウンタ値であり，MAC-I，XMAC-Iを生成するごとに1ずつ増加する．DIRECTIONは，データの方向（MS→RNSまたはRNS→MS）を区別して，各々別の秘匿を施すために使用する．FRESHは，COUNT-Iの初期値となる乱数であり，RNSで生成して，MSにそのコピーを送る．

このインテグリティ制御も，MSが自分の契約した移動通信事業者とは別の事業者の網に移動しても実施することを可能とするために，暗号演算アルゴリズムf_9は国際標準方式を最低一方式は有する．MS及び各移動通信事業者は，別の暗号演算アルゴリズムを有してもよく，実際にどのアルゴリズムを使用するかは，インテグリティ制御を開始する前に，MSと在圏網で交渉して選択する．

参 考 文 献

(1) ARIB標準ARIB STD-T63-33.120, "3G Security; Security Principles and Objectives."
(2) ARIB標準ARIB STD-T63-21.133, "3G Security; Security Threats and Requirements."
(3) ARIB標準ARIB STD-T63-33.102, "3G Security; Security Architecture."

第 7 章

ネットワークサービス制御技術

　ネットワークサービスとは，字のごとく，ネットワークを用いた通信サービスである．第2章から第4章では，2端末間で様々な品質（固定速度のデータ，音声，パケットなど）を持つ通信路を設定する基本ネットワークサービス（ベアラサービスとも呼ぶ）制御について述べた．更に付加的なネットワークサービスとしては，通話前または通話中に第3の端末まで通信路を変更したり（着信転送サービス，音声蓄積サービス），通信路を付け加えたり（コールウェイティングサービス，三者通話サービス）するサービスがこれまで移動通信ネットワークでも提供されている[1]．更に，移動通信ネットワークでは，移動管理能力，無線による放送・同報能力などを生かしたネットワークサービスを提供することが可能である．

　本章では，これらの移動特有ネットワークサービス制御として，仮想ホーム環境サービス制御，ロケーションサービス制御，放送・同報サービス制御，及びメッセージサービス制御について述べる．

7.1　仮想ホーム環境サービス制御

　ユーザが自らの契約する通信事業者のサービスエリアを離れて，別の通信事業者のサービスエリアにローミングした場合に，単に発着信できるだけではなく，付加ネットワークサービスも契約通信事業者のサービスエリアにいる場合と全く同様に享受できたら便利である．

例えば，日本のユーザがフランスに旅行に行った場合に，そのフランスの留守番サービスを受けるために，そのフランス語のマニュアルを見ながらフランス語のアナウンスに従って操作するのは煩わしい．日本にいたときと同等の端末操作及び日本語のアナウンスをもって留守番電話サービスを受けたほうが，はるかに便利である．

このように，ユーザがローミングした場合でも，あたかもホーム網にいるときと同じようにサービスを享受できるような仮想ホーム環境VHE（Virtual Home Environment）サービスを実現するネットワーク制御方式が，CAMEL（Customized Applications for Mobile network Enhanced Logic）である．

CAMELは，固定網においてネットワークサービスの開発及び展開のコスト低廉化，迅速化，更にはカスタマイズ化を目指したIN（Intelligent Network）[2]を移動通信環境に拡張したものである．

従来，交換機は基本サービス制御及び付加サービス制御のすべてを行っていたのに対し，INでは，図7.1に示すように，付加サービス制御（SCF：Service Control Function）を別の装置（SCP：Service Control Point）に分離し，交換機は基本サービス制御及び基本呼状態を管理する．そして，交換機は，SCPとのインタフェースに相当し高度接続状態制御を行う機能

（a）従来のネットワークサービス制御　　（b）INサービス制御

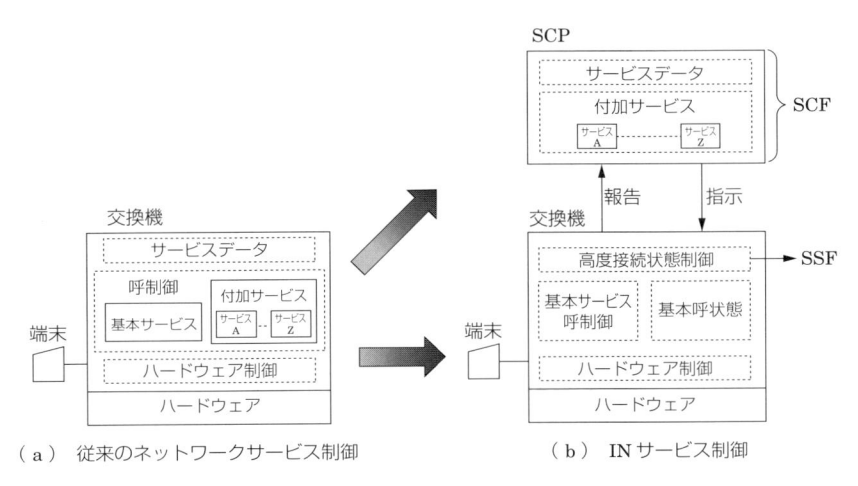

図7.1　従来のネットワークサービス制御とINサービス制御

(SSF：Service Switching Function) を付加する．

交換機は，端末との間で相互動作をしながら発信，着信などの基本サービス呼制御を進めていく最中に，前もって特定された基本呼状態に遷移したことを検出した場合に，SSFによりSCP（SCF）に報告する．SCPは，要求される付加サービスのサービスプログラムに従って交換機にそのサービスにふさわしい基本呼状態に遷移するように指示を行う．そして，交換機がその指示に従った基本呼状態に遷移して端末との間で相互動作を続けることによって付加サービスを実行する．

図7.2に，CAMEL機能を有するネットワークアーキテクチャを示す[3]．図中，gsmSCF，gsmSSF，gprsSSFは，INにおけるSCF，SSFを移動通信用に拡張したものである．また，gsmSRFも，INにおけるSRF（Specialized Resource Function）を拡張したものであり，音声蓄積，音声認識，音声合成，などの特別リソース機能を有する．

gsmSSFはMSC，GMSCに，gprsSSFはSGSNに付加される．各々第2章，第3章で述べた発着信制御手順中において，各ノード内の特定の基本呼状態に遷移した場合にgsmSCFに報告し，gsmSCF内のサービスプログラムによって基本呼状態を遷移することによって，ユーザが要求する付加サービスを実行する．更に，CAMELでは，VLR及びSGSNから各々，位置登録及びルーチング登録を完了したときにgsmSCFに報告して移動通信特有サービスを

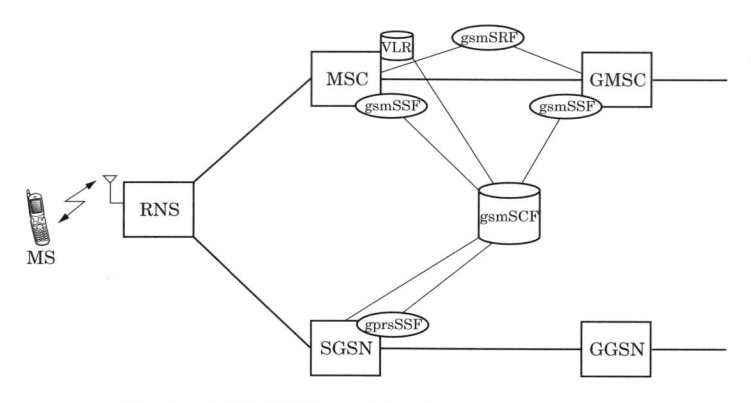

図7.2　CAMEL機能を有するネットワークアーキテクチャ

実施することも可能とする．

　図7.3に，ローミング時のCAMELによるVHEサービス制御例を示す[4]．移動通信ユーザは，日本の移動通信事業者網において音声蓄積サービス（サービス番号××××）に契約している．

　そのユーザがフランスに行き，MSの電源を入れるとフランスの移動通信事業者網に対して位置登録を行い，その移動通信ユーザプロファイルが日本の移動通信事業者網のHSSからフランスの移動通信事業者網のVLRに送られる．このユーザプロファイルには，ある特定の呼状態に達した際に問合せを行うべき個々の条件と，各条件に対応した問合せ先gsmSCFの識別子も含まれており，これらのCAMEL制御情報は，gsmSSFに設定される．

　そして，① 移動通信ユーザは，自分への音声メッセージがあるかどうかを問い合わせるために，音声蓄積サービス番号××××に発信する．② フランス移動通信事業者網のMSCは，gsmSSFを通して，上記のあらかじめ設定されたCAMEL制御情報に基づいて，日本の移動通信事業者網のgsmSCFに移動端末番号（5.2節参照）とそのダイヤル番号××××などを報告する．③ gsmSCFは，移動端末番号とダイヤル番号××××から音声蓄積サービスプログラムを起動し，MSCに対してgsmSRFまでルーチングする状態に遷移

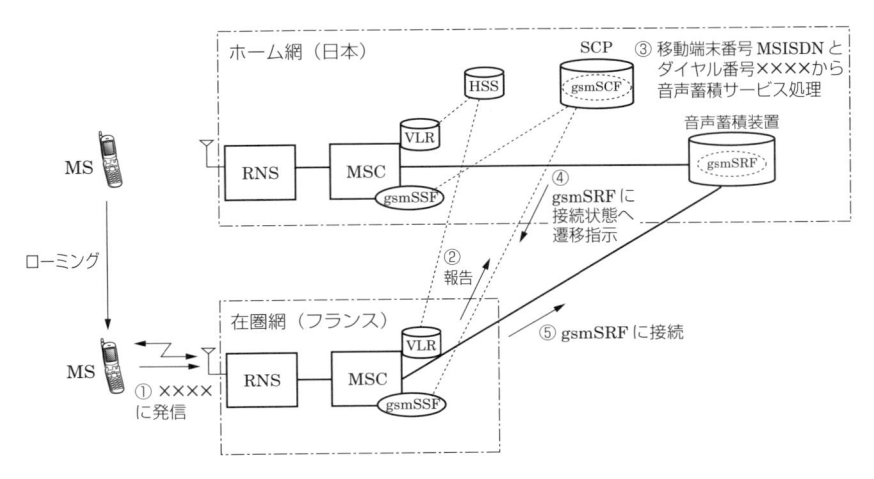

図7.3　ローミング時のCAMELによるVHEサービス制御例（音声蓄積サービス）

するように指示する．④ MSCは，指定されたgsmSRFに回線を接続し，通信中状態へと遷移する．これによって，MSは日本の移動通信事業者の音声蓄積装置に接続され，移動通信ユーザは，日本にいるときと同じアナウンス，手順に基づき自分への音声メッセージを確認する．

7.2 ロケーションサービス制御

どこでも必要な情報を獲得できる移動通信システムでは，MSの位置に応じたロケーションサービスLCS（LoCation Service）が要求される．このロケーションサービスは，第三者がMSの位置を特定することによるサービスと，MSの移動通信ユーザ自身が自らの位置を特定することによるサービスに分けられる．

前者の例としては，幼児や徘徊老人の行方を捜す場合や，タクシー会社や宅配便会社が配車状況を監視する場合，バス停留所で次のバスがどの程度近づいてきているか調べる場合などが考えられる．後者の例としては，MSの移動通信ユーザが目的地までの経路を調べるナビゲーションや，周りのレストランなどの情報を調べる場合，更には緊急時の警察，消防に場所を連絡する場合などが考えられる．

このロケーションサービスは，図7.4に示すように，三つの役割からなるモデルを構成する．第1の役割は，位置を特定すべきターゲットであり，移動通信システムでは，MSがこの役割を演じる．第2の役割は，位置特定を要求するクライアントである．このLCSクライアントは，MSのユーザでもあ

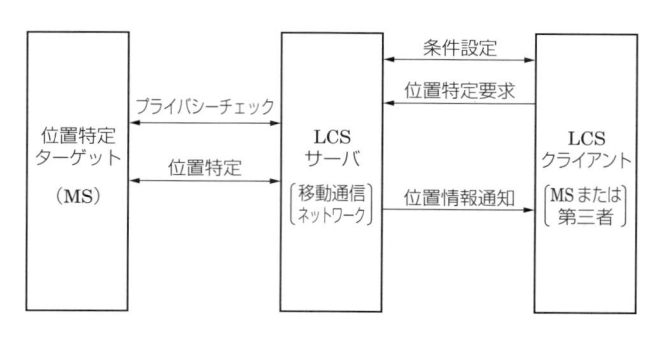

図7.4 ロケーションサービス制御モデル

り，第三者でもあり得る．そして，第3の役割は，位置を特定するサーバであり，移動通信ネットワークがこの役割を演じる．

LCSクライアントとLCSサーバとの間では，位置特定にあたって，その位置特定の精度，時刻などの条件を設定する．そしてLCSクライアントから位置特定の要求があると，LCSはその条件設定に従って位置特定ターゲットと協力してそのターゲットの位置特定を行い，LCSクライアントに位置情報を通知する．LCSサーバは，その位置特定に当たっては，そのターゲットにLCSクライアントの名前を知らせて，そのクライアントに位置を通知してよいかどうかのプライバシーチェックを行う．

LCSのためのネットワークアーキテクチャを，図**7.5**に示す[5]．GMLC（Gateway Mobile Location Center）は，LCSの受付窓口であり，各MSに対するLCSの条件を記憶する．そして，LCSクライアントから位置特定要求があると，GMLCは，MSC/VLR，SGSNを通して位置特定処理を行う．すなわち，本アーキテクチャでは，回線交換ネットワーク及びパケット交換ネットワークの双方で位置特定の制御を行うことを可能とする．なお，位置特定処理を行うべきMSC/VLR，SGSNの情報はHSSにて管理される．

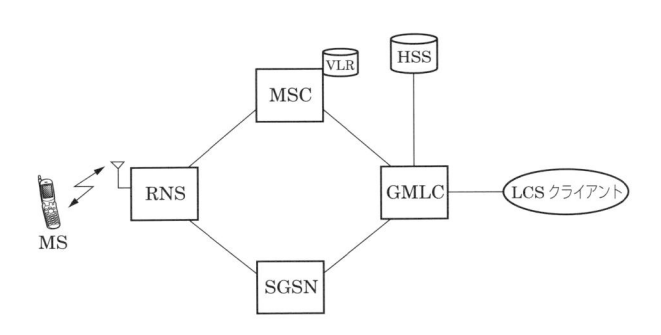

図**7.5** LCSのためのネットワークアーキテクチャ

実際の位置特定は，RNSとMSの間で行われる．位置特定方法としては，従来の移動通信ネットワークにおける位置登録，ルーチング更新制御に基づいた方法，GPS（Global Positioning System）をネットワークで支援する方法，三つの基地局を用いて三角計量に基づく方法などが使用される[6]．

図7.6に，位置特定制御手順を示す．LCSクライアントからLCSサービス要求があると，GMLCはそのターゲットMSのLCSサービスプロファイルを分析してプライバシー上，そのクライアントに位置情報を提供してよいかどうかをチェックする．次に，GMLCは，MSの存在するサービスエリアを収容するMSC/VLRまたはSGSNまで制御メッセージを届けるためのルーチング情報を問い合わせる．そしてGMLCは，そのルーチング情報に基づいて，ターゲットのMS識別子，クライアントの名前などを含んだ"加入者位置要求"メッセージをMSC/VLRまたはSGSNに送り，位置特定を起動させる．MSC/VLR，SGSNは，2.3節で述べた回線交換着信制御，3.4節で述べたパケット交換着信制御における一斉呼出と同じ制御手順でMSを呼び出す．次に，MSにクライアントの名前を持ってLCS位置特定処理を行うことを通知する．MSは，プライバシー上問題がないかどうかをチェックして，MSC/VLRまたはSGSNに応答する．次に，MSC/VLRまたはSGSNは，RNSに位置特定要求を行う．RNSは，MSの協力を得て位置特定を終えると，MSC/VLRまたはSGSNにその報告を行う．MSC/VLRまたはSGSNは，その特定した位置情報を"加入者位置応答"メッセージに含めてGMLCに送信する．GMLCは，その位置情報を含んだ"LCSサービス応答"メッセージをLCSクライア

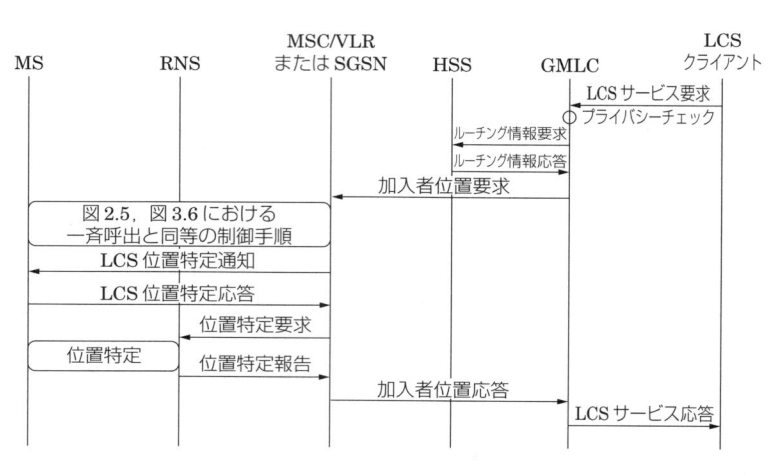

図7.6 位置特定制御手順

ントに送信する.

7.3 放送・同報サービス制御

　移動通信システムでは,無線アクセスを使用することから,一つの無線リンクを用いて複数のMSに同一データを放送・同報することが可能である.移動通信ネットワークによる放送・同報サービスMBMS（Multimedia Broadcast/Multicast Service）のイメージを図7.7に示す.放送も同報も各無線ゾーンにおいて一つの無線リンクでその無線ゾーン内の各MSにデータを送信する.放送では無線ゾーン内のどの端末でも受信を可能（図7.7（a））とするのに対し,同報ではあらかじめサービス加入しているMSのみが受信を可能（図7.7（b））とする.一般的には,放送では各無線ゾーンにMSが存

(a) 放　送

(b) 同　報

📱：同報サービスメンバ

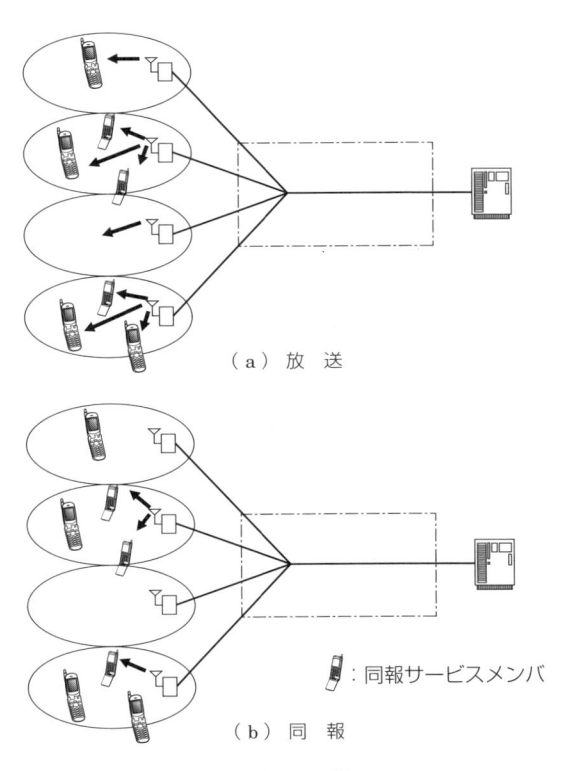

図**7.7**　放送と同報

在するかどうかにかかわらずデータを送信するのに対し，同報ではサービス加入したMSが存在する無線ゾーンのみにデータを送信する．

放送サービスの時間的な流れを図7.8に示す．ある無線ゾーンにおいて放送サービスデータが送信され，各MSは各々放送サービス受信活性化してデータを受信する．

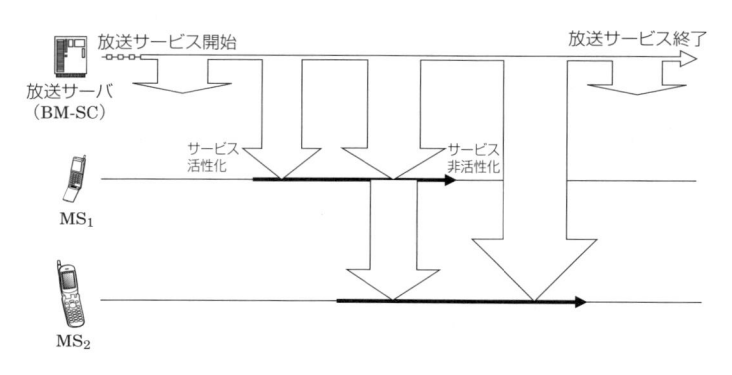

図7.8 放送サービスの時間的流れ

一方，同報サービスの時間的な流れを図7.9に示す．同報サービスでは，各移動通信ユーザは，目的とする同報サービスにあらかじめ加入しておく．そして，ある無線ゾーンでその同報サービスを受けるためには，サービス参加手順を踏む必要がある．

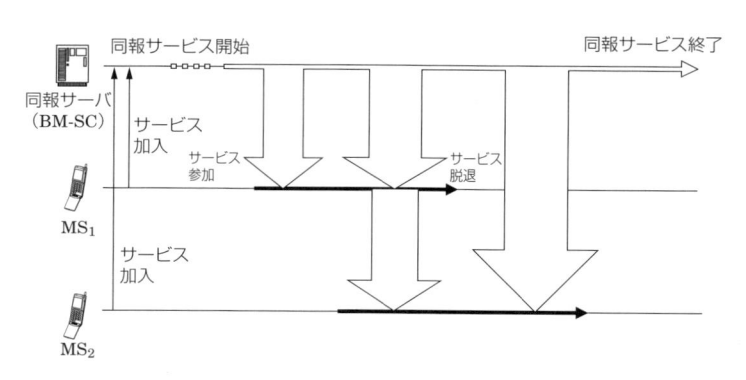

図7.9 同報サービスの時間的流れ

MBMSのためのネットワークアーキテクチャを図**7.10**に示す[7]．基本的には，第3章で述べたパケット交換ネットワークに放送・同報サービスセンタBM-SC（Broadcast Multicast-Service Center）を接続した構成をとる．BM-SCは，放送・同報データの配信，サービス許可，スケジュール管理などを行う．

BM-SCからの放送・同報データは，図**7.11**に示すように，パケット交換ネットワーク内にて，放送・同報を行う無線ゾーンに向けてGGSNから複数のSGSN，更には各無線ゾーンに対応するRNSに，3.2節で述べたようなトンネルを設定し，各ノードGGSN，SGSN，RNCで同一データを複製して各トンネルに伝達して各無線ゾーンから放送・同報を行う．

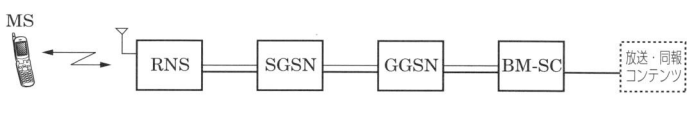

図**7.10** MBMSのためのネットワークアーキテクチャ

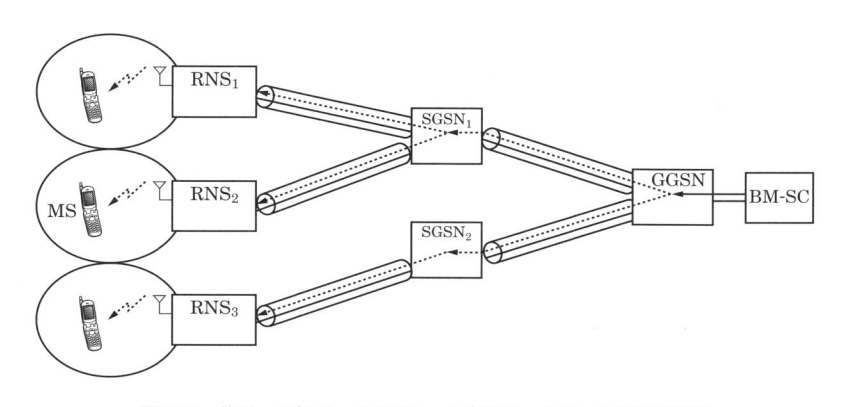

図**7.11** 放送・同報データのパケット交換ネットワーク内伝達制御

以下では，まず，同報サービス制御について述べる．図7.9に示したような各MSが同報サービスに参加するときの制御手順を，図**7.12**に示す．まず，3.3節で述べたパケット発信制御を行い，RNS-SGSN-$GGSN_1$の間でトンネル設定した後，MSは希望する同報サービスを受信すべき同報アドレスを持って$GGSN_1$に同報サービス参加要求を行う．$GGSN_1$は，BM-SCに，このMSの

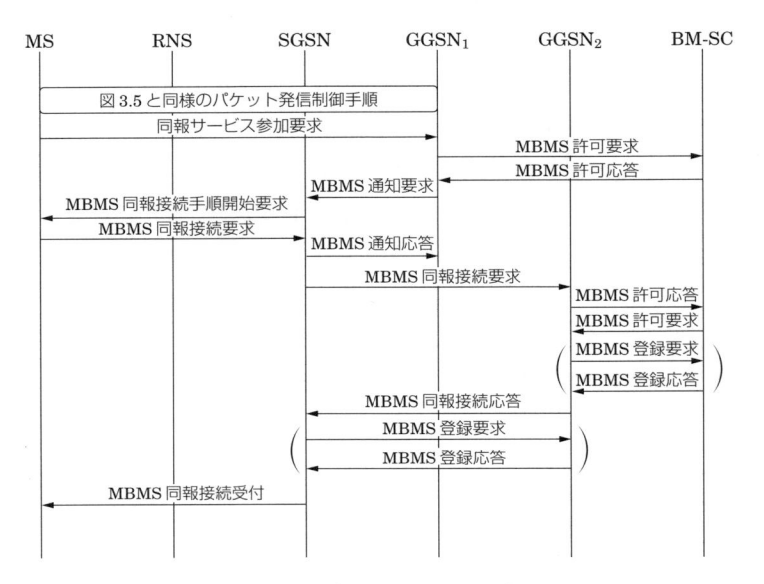

```
 MS        RNS       SGSN      GGSN₁     GGSN₂     BM-SC
```

図7.12 同報サービス参加制御手順

移動通信ユーザがサービス加入ユーザかどうかを問い合わせるために，MBMS許可要求を行う．BM-SCは，サービス加入済みであることを確認すると，その同報サービスを送信するBM-SCのPDN情報を持って，MBMS許可応答を行う．GGSN₁は，SGSNに，そのPDN情報を持ってMBMS通知要求を行う．SGSNは，更にMSに，そのPDN情報を持ってMBMS同報接続手順開始要求を行う．MSは，SGSNに対してそのPDN情報を持ってMBMS同報接続要求を行う．SGSNは，まずGGSN₁にMBMS通知応答を行う．次に，SGSNは，そのPDN情報から適当なGGSN₂を選択し，GGSN₂に対してMBMS同報接続要求を行い，自配下に同報サービスを受信したいMSが存在することを通知する．GGSN₂は，BM-SCとの間でMSのサービス加入の有無を確認し，SGSNにMBMS同報接続応答を行う．なお，GGSN₂とBS-MCとの間に同報データを伝達するパケットリンクが設定されていない場合には，GGSN₂からMBMS登録要求を行い，同報サービス開始時のリンク設定準備を行っておく．同様に，SGSNとGGSN₂の間に同報データを伝達する，3.2節で述べたようなトンネルが設定されていない場合には，SGSNからMBMS登録要求を行い，同報サー

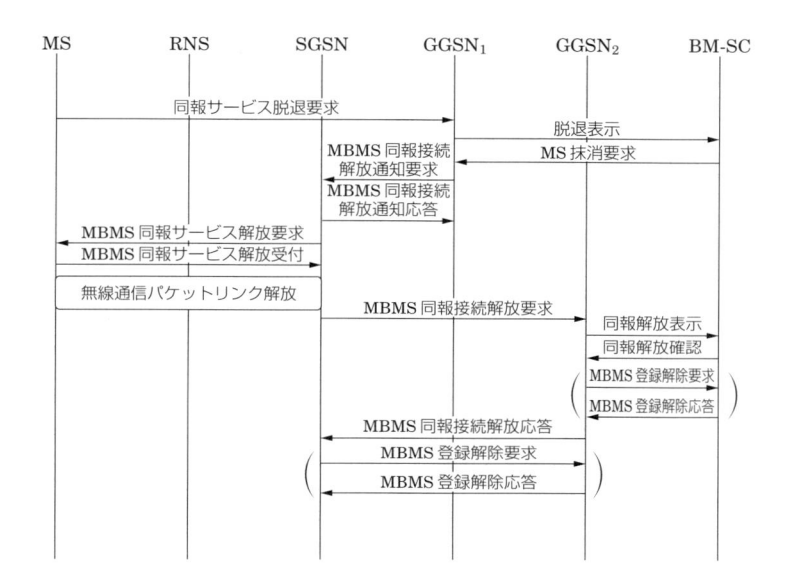

図7.13 同報サービス脱退制御手順

ビス開始時のリンク設定準備を行っておく．この後，SGSNは，MSに対してMBMS同報接続受付を行う．

図7.9に示したような各MSが同報サービスから脱退するときの制御手順を図7.13に示す．MSは脱退したい同報サービスの同報アドレスを持って$GGSN_1$に同報サービス脱退要求を行う．$GGSN_1$は，BM-SCに，その同報アドレスを持ってこのMSの脱退表示を行う．BM-SCは，その同報アドレスが正しく同報サービスに対応していることを確認すると，$GGSN_1$に，その同報アドレスとBM-SCのPDN情報を持って，そのMSを同報サービス対象から抹消するように要求する．$GGSN_1$は，SGSNに，その同報アドレス，PDN情報を持って，そのMSに対するMBMS同報接続解放通知要求を行う．SGSNは，$GGSN_1$に応答するとともに，MSに，MBMS同報サービス解放要求を行う．MSは，その要求を受け付け，無線通信パケットリンクを解放する．MSからの受付を確認すると，SGSNは，その同報データを伝達している$GGSN_2$に対してMBMS同報接続解放要求を行い，自配下に同報サービスから脱退したいMSが存在することを通知する．$GGSN_2$は，BM-SCとの間でMSの脱退

を確認し，SGSNに，MBMS同報接続解放応答を行う．なお，$GGSN_2$配下にもはや，同報データを伝達すべきMSが存在しない場合には，$GGSN_2$からBM-SCに対してMBMS登録解除要求を行い，同報サービス終了時のリンク解放準備を行っておく．同様に，SGSN配下にもはや，同報データを伝達すべきMSが存在しない場合には，SGSNからGGSNに対してMBMS登録解除要求を行い，同報サービス終了時のトンネル解放準備を行っておく．

図 **7.14** に同報サービスの開始，終了制御手順を示す．BM-SCは，同報データを送信するに際して，GGSNにサービス開始要求を行う．GGSNはBM-SCに応答してパケットリンクを設定するとともに，SGSNにMBMSサービス開始要求を行う．SGSNは，GGSNに応答してトンネルを設定するとともに，RNSにMBMSサービス開始要求を行う．同様に，RNSは，SGSNに応答してトンネルを設定するとともに，MSとの間で無線通信パケットリンクを設定し，MSにサービス開始を通知する．

同報サービス終了時には，BM-SCは，GGSNにサービス終了要求を行う．GGSNはBM-SCに応答してパケットリンクを解放するとともに，SGSNに

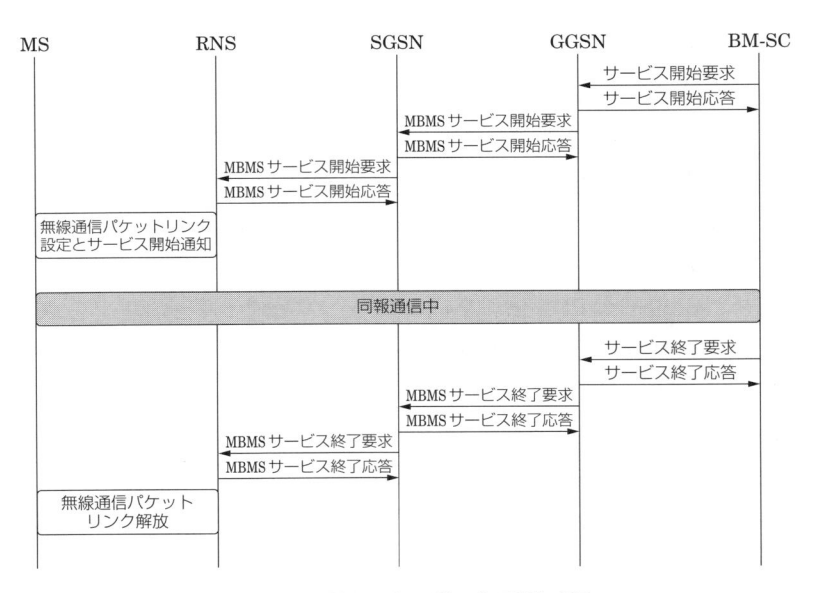

図**7.14** 同報サービス開始，終了制御手順

第7章 ネットワークサービス制御技術　　**93**

MBMSサービス終了要求を行う．SGSNは，GGSNに応答してトンネルを解放するとともに，RNSにMBMSサービス終了要求を行う．同様に，RNSは，SGSNに応答してトンネルを解放するとともに，MSとの間で無線通信パケットリンクを解放する．

　図7.15に，同報サービス参加，開始時のトンネル設定変更例を示す．図7.15の例では，ある同報サービスに際して，既にMS_1が参加手続きを行い，同報サービスが既に開始し，RNS_1-$SGSN_1$間，及び$SGSN_1$-GGSN間のトンネルを通して同報データが伝達されている．この状態で，別のMS_2，MS_3，MS_4が同報サービスに参加する場合，MS_2のためにRNS_2-$SGSN_1$間においてトン

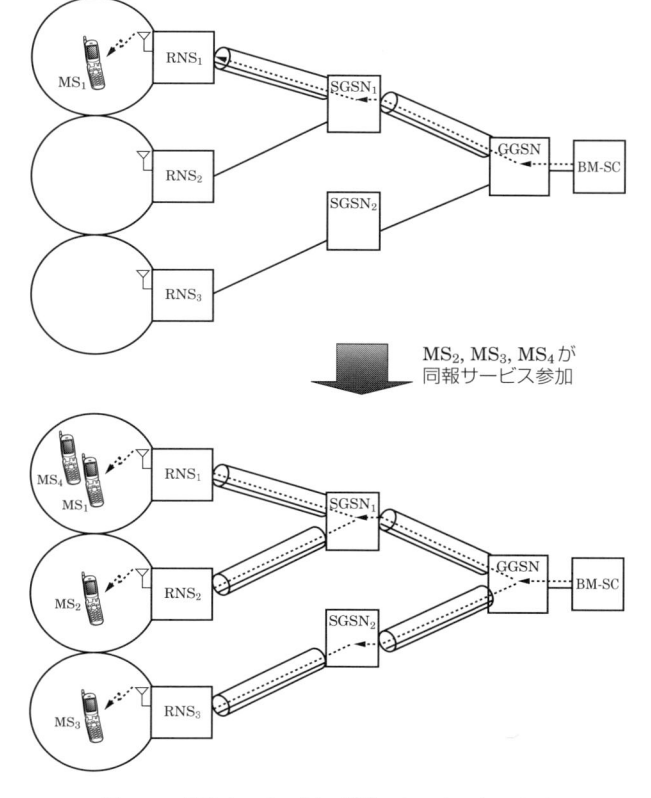

図7.15　同報サービス参加,開始によるトンネル変更

ネルを設定し，MS_3のためにRNS_3-$SGSN_2$間，及び$SGSN_2$-$GGSN$間のトンネルを設定して同報データが伝達される．MS_4に対しては，既にRNS_1-$SGSN_1$間，及び$SGSN_1$-$GGSN$間のトンネルが設定されているので，このトンネルを通る同報データをMS_4は受信する．

MSが同報データ受信中にハンドオーバする場合には，図**7.16**に示すように，そのハンドオーバ先の無線ゾーンを制御するRNSからSGSN，GGSN，BM-SCに対して順々にMBMS登録を行い，そのRNSまでのトンネルが設定されていない場合には，サービス開始手順を踏んで新たなトンネルを設定して同報データを伝達する．また，図**7.17**に示すように，ハンドオーバ元の無

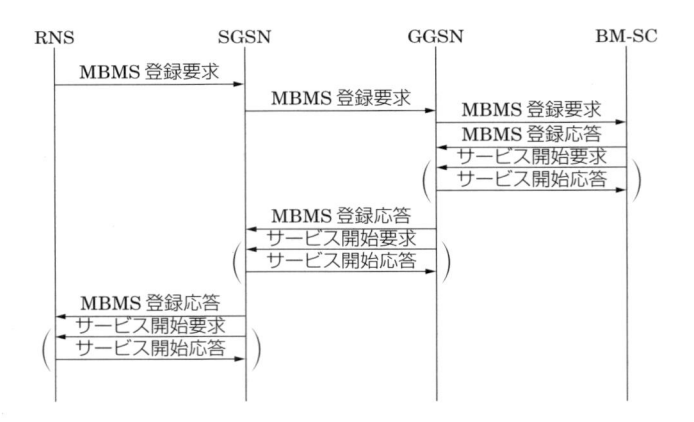

図**7.16** MBMS登録制御手順

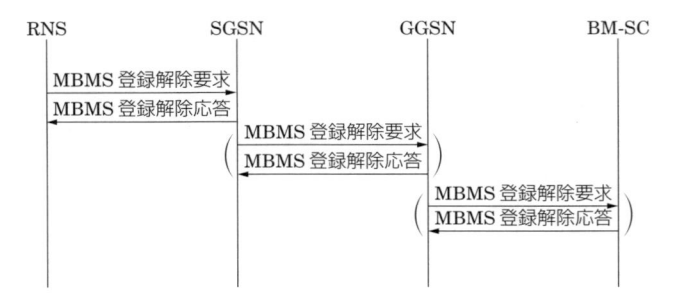

図**7.17** MBMS登録解除制御手順

線ゾーンを制御するRNSからSGSNに対してMBMS登録解除を行う．SGSNの配下にMSが存在しなくなった場合には，GGSNに対してMBMS登録解除を行う．更に，GGSNの配下にMSが存在しなくなった場合には，BM-SCに対してMBMS登録解除を行う．

一方，放送サービスは，図7.14に示した同報サービス開始，終了と同等の放送サービス開始，終了制御手順を踏んで，対象の無線ゾーンにデータを放送する．

7.4 メッセージサービス制御

人が常に端末を携帯して通信を行う移動通信では，ある移動通信ユーザに電話を掛けた場合に，移動通信ユーザは会議中であったり，食事中であったり，電車やバスに乗っていたりしていて，電話に出られないことがあるであろう．そんな場合に簡単に用件を伝えることができれば便利である．場合によっては，電話を掛け直してほしいと伝えるだけでも十分であろう．移動通信ユーザが，地下やトンネル内などでたまたま電波の届きにくい所にいた場合にも，電波環境の良いエリアに移動したときにメッセージが届けば，何度も電話を掛け直すよりも便利である．

このような要望に応えるのがメッセージサービスである．インターネットでは，このようなメッセージの伝達は電子メールで行われている．そして，3.5節で述べたように，今や，移動通信ネットワークからインターネットアクセスが可能であり，移動端末からでも世界中のインターネットのどの端末に対してでも，また，世界中のどのインターネット端末から移動端末に対しても，そして移動端末間でも，電子メールでメッセージを伝達することが可能である．

このメッセージサービスにより，移動通信ユーザにまずメッセージを送信して，相手が通話可能であることを確認してから電話をするといった通信の礼儀作法も定着してきている．

移動通信ネットワークでは，固定通信ネットワーク以上に上記のような要望が強く，電子メールとは別に，第2章で述べた回線交換ネットワークにおいて，移動端末間で簡単なメッセージを送受信するショートメッセージサー

ビス SMS（Short Message Service）が開発された．

SMSでは，MSからまず網内のSMSセンタにショートメッセージが送られ，その後，SMSセンタから送信先のMSにそのショートメッセージが届けられる．このショートメッセージの送受信アドレスは，5.2節で述べた移動端末番号が用いられる．

SMSのためのネットワークアーキテクチャを，図**7.18**に示す[8]．SMSでは，2.2節で述べた回線交換ネットワークアーキテクチャに，ショートメッセージを一時的に蓄積するSMS-C（Short Message Service Center）を接続した構成をとる．また，MSからSMS-Cにメッセージを送信するために，IWMSC（InterWorking MSC）経由でSMS-Cと相互接続する．回線交換ネットワークを用いるといっても，ショートメッセージを2.1節に述べたような通信回線で運ぶのではなく，制御信号リンクを通して制御メッセージで運ぶ．

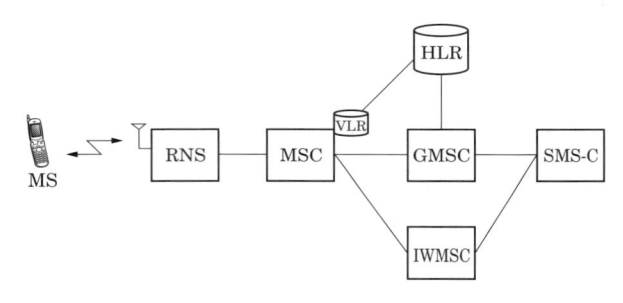

図**7.18** SMSのためのネットワークアーキテクチャ

図**7.19**にMSからSMS-Cまでのショートメッセージ送信制御手順を示す．まず，MSとRNS間で制御メッセージを送受するための無線制御回線を設定し，MSはSMSサービス要求を行う．次に，第6章で述べたような認証，秘匿，インテグリティなどのセキュリティ手順を踏んだ後に，MSは，送信先MSの番号，自身の移動端末識別子を含んだショートメッセージをMSC/VLRに送信する．MSC/VLRは，MSに確認メッセージを送信した後，送信元MSの移動端末識別子に基づいて，その送信元MSのショートメッセージを蓄積すべきSMS-Cに接続するIWMSCにショートメッセージを転送する．IWMSCは，そのショートメッセージをSMS-Cに届ける．SMS-Cは，

第7章 ネットワークサービス制御技術

MSに対して，ショートメッセージが蓄積されたことを報告する．

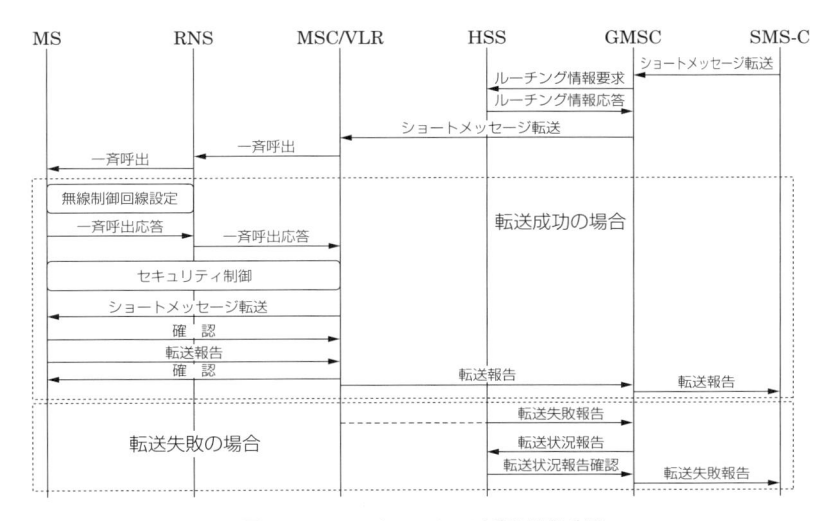

図 **7.20** に，SMS-CからMSへのショートメッセージ受信制御手順を示す．SMS-Cからショートメッセージを受信すると，GMSCは，送信先MSの移動通信ユーザプロファイルを記憶しているHSSに，MSの存在するサービスエリアを収容するMSC/VLRまで回線を設定するためのルーチング情報を問い合わせ，ショートメッセージをMSC/VLRに送信する．MSC/VLRは，RNS

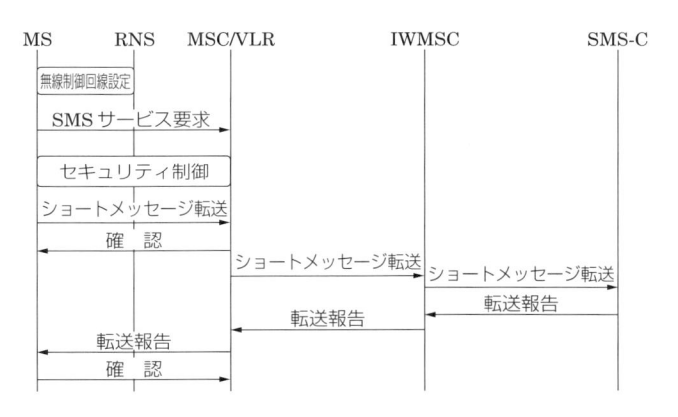

図 **7.19** ショートメッセージ送信制御手順

図 **7.20** ショートメッセージ受信制御手順

に対して，MSを一斉呼出するよう要求する．RNSは，MSを一斉に呼び出す．MSは，存在する無線ゾーンで，RNSとの間で無線制御回線を設定し，一斉呼出に応答する．RNSは，その一斉呼出応答をMSC/VLRまで伝える．ここで，MSC/VLRは，発信のときと同様に，認証，秘匿，インテグリティなどのセキュリティ手順を踏んだ後に，ショートメッセージをMSに送信する．MSは，MSC/VLRに確認メッセージを送信した後，SMS-Cに対して，ショートメッセージが届けられたことを報告する．また，MSの電源が入っていなかったり，MSがサービスエリア外に存在したりして，ショートメッセージを届けられなかった場合には，GMSC，MSC/VLRなどからHSSにその転送状況を報告し，SMS-Cに転送失敗報告を行う．図7.20の例では，MSが一斉呼出に応答しなかったために，MSC/VLRから転送失敗報告をあげている例を示している．

この転送失敗時には，MSがネットワークにアクセスした場合にSMS-Cからショートメッセージが再送される．図**7.21**に，ショートメッセージ再送制御手順を示す．MSが発信，着信（一斉呼出応答），位置登録などによりネットワークにアクセスすると，MSC/VLRは，HSSに対して，ショートメッセ

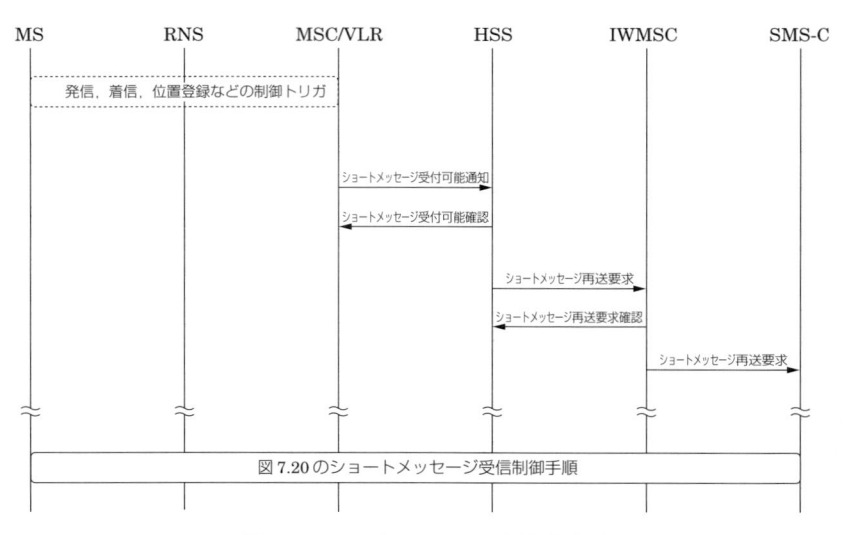

図**7.21** ショートメッセージ再送制御手順

ージ受付可能通知を行う．HSSはMSC/VLRにその確認を行った後に，その MS宛のショートメッセージを蓄積しているSMS-Cに接続するIWMSCにショートメッセージ再送要求を行う．IWMSCは，HSSにその確認を行った後に，SMS-Cにショートメッセージ再送要求を行う．以降は，図7.20と同様のショートメッセージ受信制御手順に従う．

SMSでは，伝達できる情報量が少ないため，メディアとしてはテキストのみに限られる．このSMSを拡張して，テキストのほか，音声，音響，静止画，動画，などのマルチメディア情報メッセージを伝達可能とするサービスが，MMS（Multimedia Messaging Service）である．図7.22にMMSのためのネットワークアーキテクチャを示す[9]．

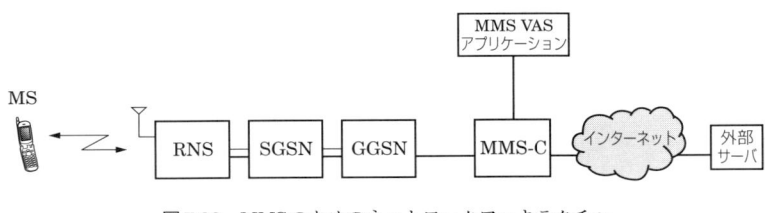

図7.22 MMSのためのネットワークアーキテクチャ

MMSでは，メッセージを伝達する移動通信ネットワークとして，第3章で述べた移動通信パケット交換ネットワークを使用する．MMS-Cは，SMSにおけるSMS-Cに相当し，ショートメッセージを一時的に蓄積する．MMSでは，MS間のメッセージ伝達のほかに，天気予報などのVAS（Value Added Service）アプリケーションをMSに提供する．また，インターネットにおける電子メールとMMSメッセージも相互に変換して送受可能である．

MSとMMS-Cとの間の制御手順は，ほとんどSMSに準じているが，SMSに比べて伝達する情報量が多いため，MMS-CからMSへメッセージを送信する場合には，MMS-CからMSにメッセージが存在することを通知し，MSからMMS-Cにアクセスして情報を取り出す手順を取る．

図7.22のMMSのためのネットワークアーキテクチャと図3.14に示したモバイルインターネットアクセス構成を比べて明らかなように，MMSはモバイルインターネットアクセスの一形態とみなすことができる．

参 考 文 献

(1) H. Yumiba and M. Yabusaki, "Mobile service history and future," IEICE Trans. Commun., vol. E85-B, no. 10, pp. 1878-1886, Oct. 2002.
(2) 鈴木滋彦, "高度インテリジェントネットワーク," 電子情報通信学会, 1999.
(3) TTC規格JP-3GA-23.002, "Network Architecture."
(4) H. Yumiba, K. Yamamoto and M. Yabusaki, "The design policy for a GSM-based IMT-2000 network," IEEE Wireless Commun., vol. 10, no. 1, pp. 7-14, Feb. 2003.
(5) TTC規格JP-3GA-23.271, "Functional Stage 2 description of Location Services (LCS)."
(6) ARIB標準ARIB STD-T63-25.305, "Stage 2 functional specification of User Equipment (UE) positioning in UTRAN."
(7) TTC規格JP-3GA-23.246, "Multimedia Broadcast/Multicast Service (MBMS) Architecture and functional description."
(8) ARIB標準ARIB STD-T63-23.040, "Technical Realization of Short Message Service."
(9) Gwenael Le Bodic, "Mobile Messaging Technologies and Services, SMS, EMS, and MMS," John Wiley & Sons Ltd., 2003.

第 8 章

信 号 方 式

　移動通信ネットワークは，様々な機能を有するノードで構成され，それらのノード及びMSとの間（インタフェース）で信号を送受して制御を連携することにより，前章までに述べた通信制御を行い，ネットワークサービスを提供する．

　本章では，移動通信ネットワークの各インタフェースにおける信号方式について概要を述べる．

8.1　信号方式とは？

　第2章で述べた回線交換方式では，一定の時間間隔のフレームごとに64 kbit/sの回線を時分割多重して回線交換機間を伝達していく．この回線交換サービスを実施するために，MS，RNS，MSC/VLR，GMSC，及びHSS間で発着信制御手順及び移動管理手順を踏む．一方，第3章で述べたパケット交換方式では，MSで送受信するパケットをパケット交換網内でカプセル化してパケット交換機間を伝達していく．このパケット交換サービスを実施するために，MS，RNS，SGSN，GGSN，及びHSS間で発着信制御手順及び移動管理手順を踏む．

　このように，移動通信ネットワーク内のノード間，及びノードとMS間のインタフェースで，移動通信ユーザ間で送受信すべきデータ信号，及び通信制御のための信号をやり取りするための伝送方式，手順などに関してあらか

じめ決めておくべき規約が"信号方式"である．信号方式は，"信号プロトコル"とも呼ばれる．

この信号プロトコルは，図8.1に示すような7レイヤに機能階層化されたOSI（Open Systems Interconnection）モデルに体系化されている．各レイヤの主な機能は，以下のとおりである[1],[2]．

（1）**レイヤ1**（**物理レイヤ**）：データ伝送のための物理媒体の特性（電気的・機械的特性）を規定し，その媒体の活性化，維持，非活性化を行う．

（2）**レイヤ2**（**リンクレイヤ**）：ノード間の論理的リンクの設定，維持，解放．例えば，データのブロック化，転送同期，フロー制御，誤り検出訂正などを行う．

（3）**レイヤ3**（**ネットワークレイヤ**）：データ転送パスの制御（ルーチング，ふくそう制御など）を行う．

（4）**レイヤ4**（**トランスポートレイヤ**）：網の特性に依存しないデータ転送制御を行う．

（5）**レイヤ5**（**セッションレイヤ**）：論理コネクションを形成し，アプリケーションレイヤのノード間の相互動作の制御（データ送信権制御，データ区切り表示，など）を行う．

（6）**レイヤ6**（**プレゼンテーションレイヤ**）：アプリケーションレイヤで扱う情報の表示，入力，授受形式の管理を行う．

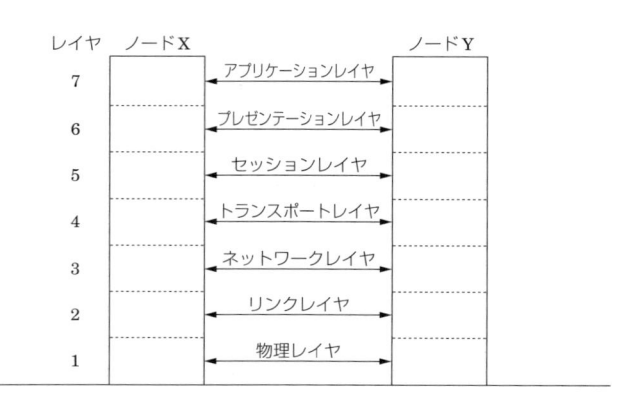

図8.1　OSIモデル

（7）**レイヤ7（アプリケーションレイヤ）**：ファイル転送，ジョブ転送，トランザクション処理などのアプリケーション制御を行う．

　移動通信ネットワークにおける信号プロトコルもこのOSIモデルに準拠して構成され，以下で述べるように，レイヤ1, 2, 3, 4, 及びレイヤ7に相当する信号プロトコルによって各種制御を行う．なお，前章まで述べてきた各種制御手順における制御信号は，後述するように，無線インタフェースにおいては，レイヤ3メッセージ，網内インタフェースにおいては，レイヤ7メッセージを表している．

8.2　移動通信ネットワークの信号インタフェース

　前章までに述べてきた回線交換・パケット交換ネットワークアーキテクチャ，及びINアーキテクチャを再度，信号方式の観点からまとめて描くと，図**8.2**のようになる．このアーキテクチャにおいて，信号方式の観点からインタフェースを分類すると，無線インタフェース，RNS-CN間インタフェース，及びCN内インタフェースに大別できる．

　RNS-CN間インタフェースは，更に，RNS-回線交換CN間インタフェースと，RNS-パケット交換CN間インタフェースに分類される．

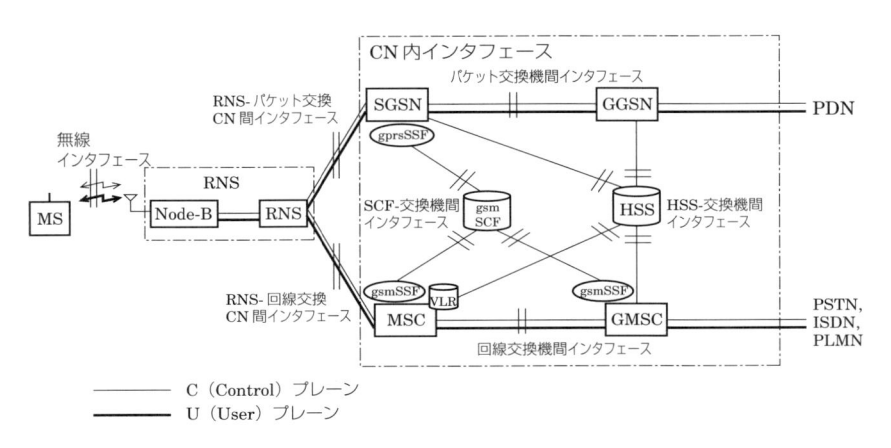

図**8.2**　移動通信ネットワークにおける各信号インタフェース

一方，CN内では，回線交換機間インタフェース，パケット交換機間インタフェース，これらの交換機とHSS間のインタフェース，更には，7.1節で述べたCAMEL制御のためのSCFとの間のインタフェースからなる．

なお，信号方式の観点から，制御信号を運ぶインタフェース群，ユーザデータを運ぶインタフェース群を，総称して，各々C（Control）プレーン，U（User）プレーンと呼ぶ．

以降，各インタフェースの信号方式について述べる．

8.3 無線インタフェース信号方式 [3]-[5]

図**8.3**に，第3世代のW-CDMA無線方式における移動通信回線交換接続のための無線インタフェース上の信号プロトコル構造を示す．

図8.3（a）に示すように，無線インタフェース上のCプレーンは，無線方

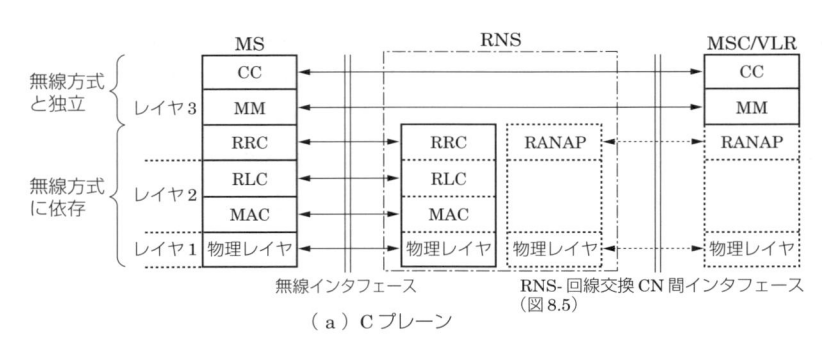

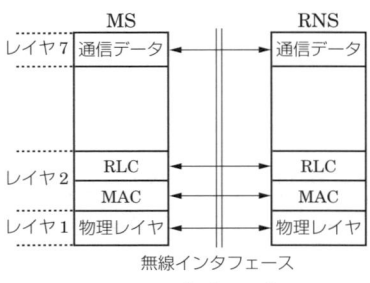

図**8.3** 無線インタフェースにおける信号プロトコル構造（回線交換）

式に依存する下位レイヤと，無線方式とは独立の上位レイヤに分割される．物理レイヤ，レイヤ2内のMAC（Medium Access Control）サブレイヤ，RLC（Radio Link Control）サブレイヤ，及びレイヤ3の最下位に位置するRRC（Radio Resource Control）サブレイヤまでは，無線リンクの設定，維持，管理，解放と，MSの特定，などの制御を行う．これらのW-CDMA無線方式に依存した制御は，MSとRNSとの間で実行される．これらの無線方式依存レイヤの詳細機能は，移動無線技術に関する著書[6]などを参照してもらいたい．

一方，無線方式とは独立である，MM（Mobility Management），CC（Call Control）サブレイヤは，RNSでそのメッセージを中継することにより，MSとMSC/VLRの間で各制御が実行される．無線インタフェース上において，これらのサブレイヤメッセージは，物理レイヤからRRCサブレイヤまでの下位レイヤによって運ばれる．

無線インタフェース上のプロトコル構造のデザインコンセプトとしては，まず，物理レイヤからRRCサブレイヤまでにおいて無線制御リンクを確立し，MMサブレイヤでMSの位置とその正当性を同定し，CCサブレイヤで回線交換通信制御を行う，といった逐次的な制御を行うことである．

MMサブレイヤは，2.4.1項で述べた回線交換通信のための位置登録，及び6.3節の識別子機密，6.4節の認証，などのセキュリティ制御が主な制御である．また，上位のCCメッセージを転送する役割も有する．

CCサブレイヤは，2.3節で述べた回線交換通信のための発着信制御手順のうち，MMサブレイヤにおけるセキュリティ制御完了後の通信設定制御を行う．また，通信切断制御もCCサブレイヤの役割である．

無線インタフェース上のUプレーンでは，回線交換通信データは，図8.3(b) に示すように，物理レイヤ，MAC/RLC（Radio Link Control）サブレイヤに載せて運ばれる．

図8.4に，第3世代のW-CDMA無線方式における移動通信パケット交換接続のための無線インタフェース上の信号プロトコル構造を示す．

図8.4 (a) に示すように，無線インタフェース上のCプレーンにおいて，物理レイヤ，MAC/RLCサブレイヤ，RRCサブレイヤの無線方式依存レイヤ

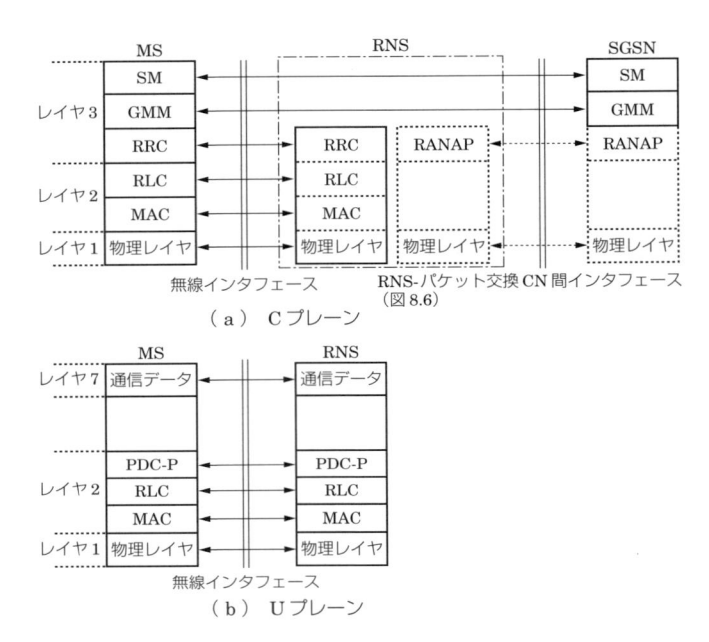

図8.4 無線インタフェースにおける信号プロトコル構造(パケット交換)

は，回線交換接続と同等である．

　無線方式とは独立である，GMM (GPRS Mobility Management)，SM (Session Management) サブレイヤは，RNSでそのメッセージを中継することにより，MSとSGSNの間で各制御が実行される．無線インタフェース上において，これらのサブレイヤメッセージは物理レイヤからRRCサブレイヤまでの下位レイヤによって運ばれる．

　無線インタフェース上のプロトコル構造のデザインコンセプトとしては，まず，物理レイヤからRRCサブレイヤまで無線制御リンクを確立し，GMMサブレイヤでMSの位置とその正当性を同定し，SMサブレイヤでパケット交換通信制御を行う，といった逐次的な制御を行うことである．

　GMMサブレイヤは，回線交換通信におけるMMサブレイヤに相当する．すなわち，GMMサブレイヤは，3.4.1項で述べたパケット交換通信のための位置登録，及び6.3節の識別子機密，6.4節の認証などのセキュリティ制御が主な制御である．また，上位のSMメッセージを転送する役割も有する．4.3

節で述べた回線交換とパケット交換の連結移動管理に対しても無線インタフェース上ではこのGMMサブレイヤが制御を行う．

SMサブレイヤは，回線交換通信におけるCCサブレイヤに相当する．すなわち，SMサブレイヤは，3.3節で述べたパケット交換通信のための発着信制御手順のうち，MMサブレイヤにおけるセキュリティ制御完了後の通信設定制御を行う．また，通信切断制御もSMサブレイヤの役割である．

無線インタフェース上のUプレーンでは，パケット交換通信データは，図8.4（b）に示すように，物理レイヤ，MAC/RLCサブレイヤに載せて運ばれる．ただし，無線インタフェース上ではMSが送受信するパケットのヘッダは冗長であるために，PDCP（Packet Data Convergence Protocol）サブレイヤでMSとRNC間で圧縮されて伝達される．

8.4 RNS-CN間インタフェース信号方式 [7]

8.4.1 RNS-回線交換CN間インタフェース信号方式

図8.5に，RNS-回線交換CN間インタフェースにおける信号プロトコル構造を示す．

図8.5（a）に示すように，本インタフェースのCプレーンでは，レイヤ1

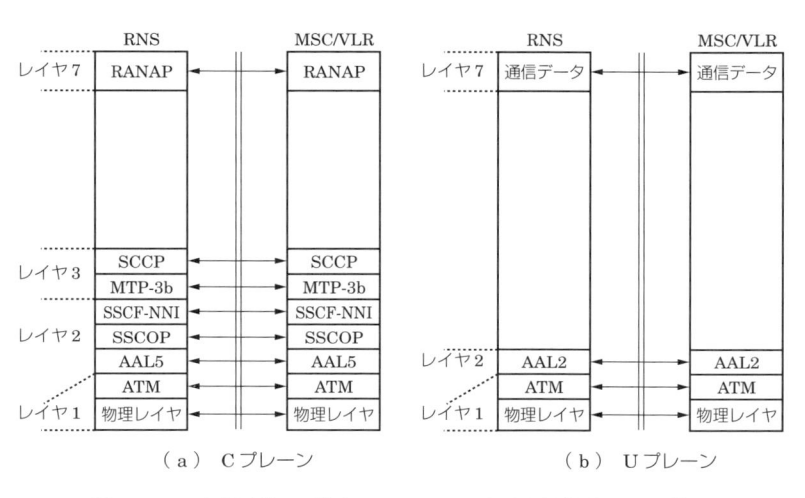

図8.5 RNS-回線交換CN間インタフェースにおける信号プロトコル構造

からレイヤ3までは，B-ISDN網間インタフェース信号プロトコルを採用する．物理レイヤは，SDH（Synchronous Digital Hierarchy）インタフェースプロトコル[8]を，その上層に，4.4節で述べたATM，AALタイプ5プロトコルを採用する．SSCOP（Service Specific Connection Oriented Protocol）サブレイヤ[9]は，誤り制御，フロー制御を行い，SSCF-NNI（Service Specific Convergence Function-Network Network Interface）サブレイヤは，レイヤ3との間の情報（プリミティブと呼ぶ）とパラメータの整合を図る．MTP-3b（Message Transfer Part level 3-b）サブレイヤは，No.7共通線信号方式[10]において，下位にATMプロトコルを採用した場合のレベル3プロトコルであり，制御信号メッセージのルーチング，信号ふくそう制御を行う．SCCP（Signaling Connection Control Part）サブレイヤ[11]は，個々の制御信号メッセージを関連づけて転送するコネクションオリエンテッド転送制御を行う．

RANAP（Radio Access Network Application Part）レイヤ[12]は，第2章回線交換ネットワーク，第3章パケット交換ネットワークで述べた発着信，移動管理，及び第6章で述べたネットワークセキュリティ制御に関するRNSとCNの間の信号プロトコルである．具体的にRANAPは，無線回線設定と解放，RNSとCNの間の回線設定と解放，RNS，SGSNリロケーション，一斉呼出，秘匿及びインテグリティのための秘密キー設定などのほか，前項で述べた無線インタフェース上の無線方式とは独立なサブレイヤ（MM，GMM，CC，SMなど）の信号メッセージをCNとの間で転送する機能を有する．また，7.2節で述べたロケーションサービス制御のためのRNSからのMS位置情報の報告などを行う．

RNS-回線交換CN間インタフェース上のUプレーンでは，回線交換通信データは，図8.5（b）に示すように，4.4節で述べたATM AALタイプ2に載せて運ばれる．

8.4.2　RNS-パケットCN間インタフェース信号方式

図8.6に，RNS-パケット交換CN間インタフェースにおける信号プロトコル構造を示す．

本インタフェース上のCプレーンのプロトコル構造は，図8.6（a）に示すように，RNS-回線交換CN間インタフェースと同等である．

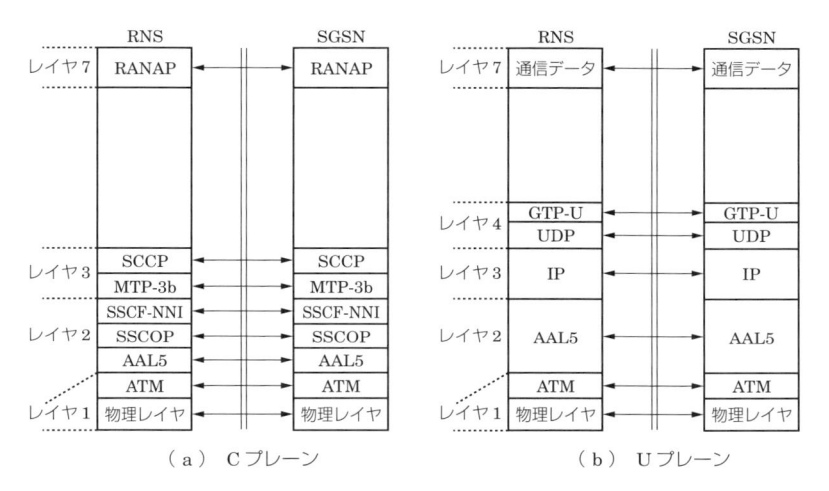

図8.6 RNS-パケット交換CN間インタフェースにおける信号プロトコル構造

（a）Cプレーン／（b）Uプレーン

　Uプレーンでは，4.4節で述べたATM AALタイプ5を用いて，ATM/AALレイヤでは半固定的な通信路PVC（Permanent Virtual Channel）を設定しておき，3.2節で述べたように，ユーザの通信データパケットをGTP-U（GPRS Tunneling Protocol-User plane）サブレイヤでTEID（Tunnel Endpoint IDentifier）を用いてカプセリングして，RNS-SGSN間でインターネットの伝達プロトコルであるUDP（User Datagram Protocol）[13]，IP（Internet Protocol）で運ぶ．UDPは，通信データパケットを送受するSGSN，RNSのポートを指定する．IPは，SGSN，RNSに割り当てられたIPアドレスに通信データパケットをコネクションレスでルーチングする（IPに関しては，11.1節参照）．

　また，ATM通信路を動的通信路SVC（Switched Virtual Channel）として設定して，GTP-U，UDP，IPヘッダでカプセリングしたパケットをATM/AALレイヤで交換伝達することも可能である．

8.5　CN内インタフェース信号方式

　CN内インタフェースでは，前項のRNS-CN間インタフェースと同様に，Cプレーンではレイヤ1からレイヤ3まで，Uプレーンではレイヤ2まで，B-

ISDN網間インタフェース信号プロトコルを採用する．

8.5.1 回線交換機間インタフェース信号方式

図8.7に，回線交換機間（MSC-GMSC）インタフェースにおける信号プロトコル構造を示す．

図8.7（a）に示すように，Cプレーンにおいて，B-ISUP（Broadband-ISDN User Part）[9] レイヤは，第2章で述べた回線交換ネットワークにおける交換機間の発着信制御を行う．

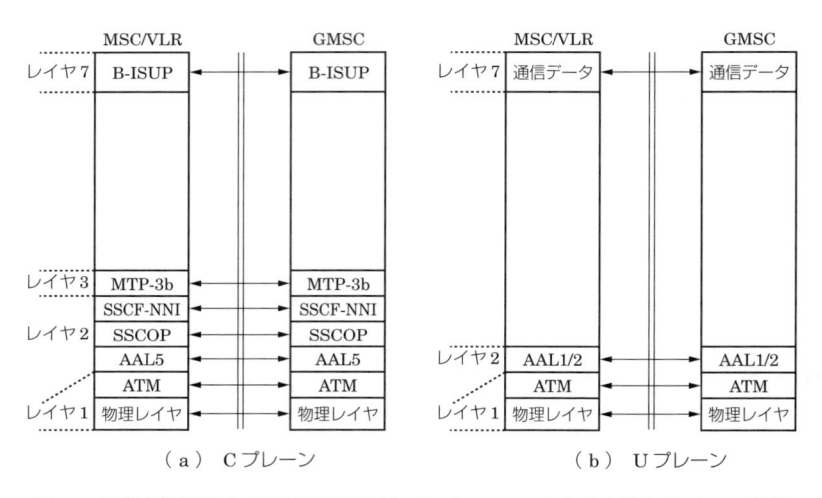

レイヤ	MSC/VLR	GMSC		レイヤ	MSC/VLR	GMSC
レイヤ7	B-ISUP	B-ISUP		レイヤ7	通信データ	通信データ
レイヤ3	MTP-3b	MTP-3b				
レイヤ2	SSCF-NNI SSCOP AAL5 ATM	SSCF-NNI SSCOP AAL5 ATM		レイヤ2	AAL1/2 ATM	AAL1/2 ATM
レイヤ1	物理レイヤ	物理レイヤ		レイヤ1	物理レイヤ	物理レイヤ
	（a） Cプレーン				（b） Uプレーン	

図8.7 回線交換機間（MSC/VLR-GMSC）インタフェースにおける信号プロトコル構造

Uプレーンでは，ATM AALタイプ1またはタイプ2により，回線交換通信データを運ぶ．

8.5.2 パケット交換機間インタフェース信号方式

図8.8に，パケット交換機間（SGSN-GGSN）インタフェースにおけるプロトコル構造を示す[14]．

図8.8（a）に示すように，Cプレーンにおいて，GTP-C（GPRS Tunneling Protocol-Control plane）は，第3章で述べたパケット交換ネットワークにおける交換機間の発着信制御を行う．UDP，IPサブレイヤでGTP-Cメッセージを交換機間で転送する．

Uプレーンでは，RNS-パケット交換CN間インタフェースと同様に，ATM AALタイプ5を用いて，ATM/AALレイヤでは半固定的な通信路PVC（Permanent Virtual Channel）を設定しておき，ユーザの通信データパケットをGTP-UサブレイヤでTEIDを用いてカプセリングしてUDP，IPサブレイヤで運ぶ．または，ATM通信路を動的通信路SVC（Switched Virtual Channel）として設定して，GTP-U，UDP，IPヘッダでカプセリングしたパケットをATM/AALレイヤで交換伝達することも可能である．

	SGSN	GGSN		SGSN	GGSN
レイヤ7	GTP-C	GTP-C	レイヤ7	通信データ	通信データ
レイヤ4	UDP / IP	UDP / IP	レイヤ4	GTP-U / UDP	GTP-U / UDP
レイヤ3	SCCP / MTP-3b / SSCF-NNI	SCCP / MTP-3b / SSCF-NNI	レイヤ3	IP	IP
レイヤ2	SSCOP / AAL5 / ATM	SSCOP / AAL5 / ATM	レイヤ2	AAL5 / ATM	AAL5 / ATM
レイヤ1	物理レイヤ	物理レイヤ	レイヤ1	物理レイヤ	物理レイヤ
	（a）Cプレーン			（b）Uプレーン	

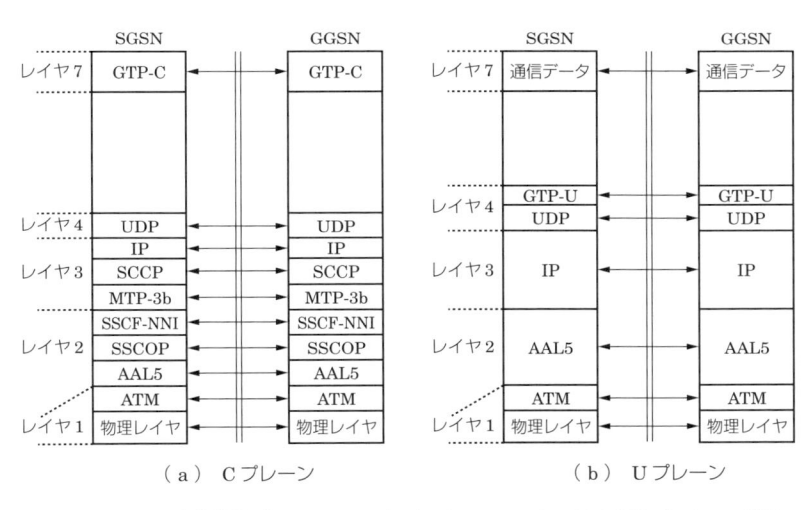

図8.8　パケット交換機間（SGSN-GGSN）インタフェースにおける信号プロトコル構造

8.5.3　HSS-交換機間インタフェース信号方式

図8.9にHSS-交換機間インタフェースにおけるプロトコル構造を示す．
MAP（Mobile Application Part）サブレイヤ[15]は，第2章「回線交換ネットワーク」，第3章「パケット交換ネットワーク」で述べた着信，位置登録，及び第6章で述べた認証制御に関するHSSとCN内ノード（交換機など）との間の信号プロトコルである．具体的には，着信時に一斉呼出要求を行い，ルーチングすべき交換機を特定したり，位置登録エリアをHSSに登録したり，交換機に移動通信ユーザに関する移動通信ユーザプロファイルや認証ベクトルなどを送信する．TCAP（Transaction Capabilities Application Part）サ

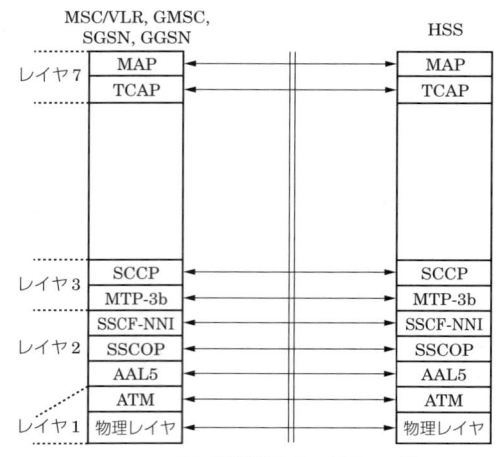

```
                MSC/VLR, GMSC,
                 SGSN, GGSN              HSS
          ┌────────────────┐      ┌────────────────┐
レイヤ7   │     MAP        │◄────►│     MAP        │
          │     TCAP       │◄────►│     TCAP       │
          │                │      │                │
          │                │      │                │
レイヤ3   │     SCCP       │◄────►│     SCCP       │
          │     MTP-3b     │◄────►│     MTP-3b     │
          │     SSCF-NNI   │◄────►│     SSCF-NNI   │
レイヤ2   │     SSCOP      │◄────►│     SSCOP      │
          │     AAL5       │◄────►│     AAL5       │
          │     ATM        │◄────►│     ATM        │
レイヤ1   │     物理レイヤ │◄────►│     物理レイヤ │
          └────────────────┘      └────────────────┘
              HSS-交換機間インタフェース
```

図**8.9**　HSS-交換機間インタフェースにおける信号プロトコル構造

ブレイヤ[10]は，このようなHSSとCN内ノードとのMAPサブレイヤにおける制御信号路を確立，解放し，対話の開始，継続，終了といった対話処理，または，処理要求とその結果応答といったコンポーネント処理を行う．

8.5.4　SCF-交換機間インタフェース信号方式

図**8.10**にSCF-交換機（gsmSSF，gprsSSF）間インタフェースにおけるプロトコル構造を示す．

CAP（CAMEL Application Part）サブレイヤ[16]は，7.1節で述べた仮想ホーム環境VHEを実現するCAMEL制御のためのプロトコルであり，gsmSSF，gprsSSFからSCFへのイベント報告と，SCFからgsmSSF，gprsSSFへの制御指令を行う．これらの対話処理，コンポーネント処理はTCAPサブレイヤで行われる．

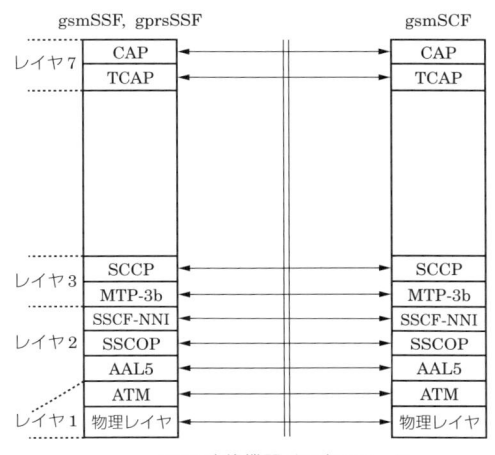

図**8.10** SCF-交換機間インタフェースにおける信号プロトコル構造

参 考 文 献

（1） 加藤満左夫, 塚本勝治, 野村雅行, 千田昇一, "情報通信システムのプロトコル," 電子情報通信学会, 1990.
（2） 田畑孝一, "OSI―明日へのコンピュータネットワーク," 日本規格協会, 1987.
（3） ARIB標準 ARIB STD-T63-25.301, "Radio Interface Protocol Architecture."
（4） TTC規格 JP-3GA-24.007, "Mobile radio interface signaling layer 3 General aspects."
（5） TTC規格 JP-3GA-24.008, "Mobile radio interface Layer 3 specification; Core network protocols; Stage 3."
（6） 立川敬二, "W-CDMA移動通信方式," 丸善, 2001.
（7） TTC規格 JP-3GA-25.410, "UTRAN Iu Interface: General aspects and principles."
（8） 青木利晴, 青山友記, 濃沼健夫, "広帯域ISDNとATM技術," 電子情報通信学会, 1995.
（9） 加納貞彦, "やさしいATMネットワーク信号方式," 電気通信協会, 1996.
（10） 愛澤慎一, 加納貞彦, "やさしい共通線信号方式," 電気通信協会, 1987.
（11） 飯塚久夫, "IP時代のやさしい信号方式," 電気通信協会, 2002.
（12） TTC規格 JP-3GA-25.413, "UTRAN Iu Interface RANAP signalling."
（13） 苅田幸雄, "マスタリングTCP/IP," オーム社, 1998.
（14） TTC規格 JP-3GA-23.060, "General Packet Radio Service（GPRS）Stage 2."
（15） TTC規格 JP-3GA-29.002, "Mobile Application Part（MAP）specification."
（16） TTC規格 JP-3GA-29.078, "CAMEL Application Part（CAP）specification."

第9章

網装置とソフトウェア

 前章まで，移動通信ネットワークの様々な制御方式について述べてきた．
 本章では，これらの制御を実現するコアネットワーク内の主要ノードである交換機とHSSの装置及びソフトウェア構造について述べる[1]．

9.1 交換機

 交換機とは，一言でいえば，コンピュータと，通信データを伝送路間で載換えを行うスイッチからなる装置である．移動通信交換機能としては，論理的には，第2章で述べた回線交換と，第3章で述べたパケット交換に大別される．ネットワークの経済化を目的として，これらの2種類の交換機能を統合したATM交換伝達方式について4.4節で述べた．本節では，このATM交換機を例として，その装置構成及びソフトウェア構造について概説する．

9.1.1 ATM交換機装置構成

 図9.1に，ATM交換機装置構成例を示す．ATM交換機は，大別すると，プロセッサ部とスイッチ部で構成される．

（1） プロセッサ部

 プロセッサ部は，複数の機能別プロセッサで構成する．交換機として発着信制御，移動管理などの中心処理を行うのが，呼処理プロセッサCLP（CaLl control Processor）である．VLR機能もCLP内で実行される．また，CLPは課金処理も行い，処理結果を料金明細システムに送信する．リソース管理プ

第9章　網装置とソフトウェア

図9.1　ATM交換機装置構成例

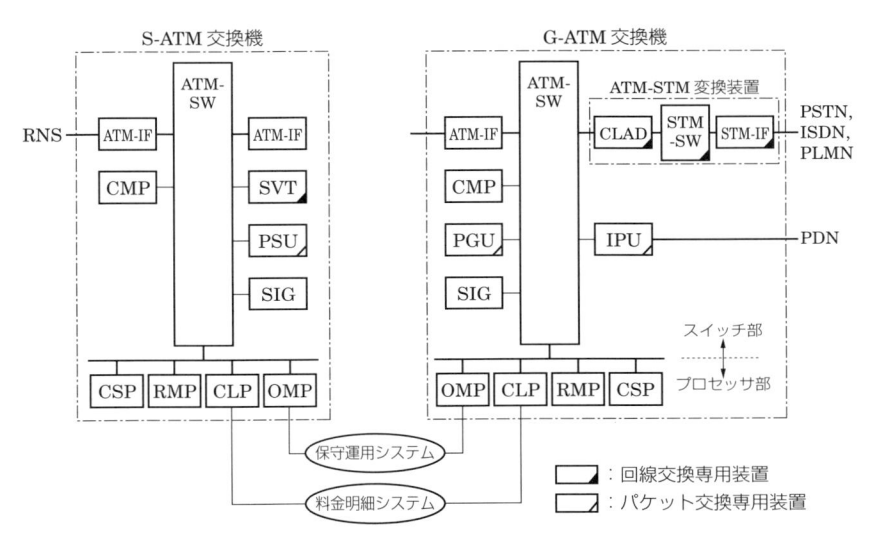

ATM-IF：ATM InterFace
ATM-SW：ATM SWitch
CLAD：CeLl Assembly and Deassembly
CLP：CaLl control Processor
CMP：CoMPosit trunk
CSP：Common channel Signaling Processor
IPU：IP Multiplex Unit
OMP：Operation and Maintenance Processor
RMP：Resource Management Processor
SIG：SIGnaling trunk
SVT：SerVice Trunk
STM-IF：STM InterFace
STM-SW：STM SWitch
PGU：Packet Gateway Unit
PSU：Packet Subscriber Unit

ロセッサRMP（Resource Management Processor）は，ATM-SWのスイッチング管理，入出力伝送路の空塞管理，及びスイッチ部内の様々なトランクの捕捉などの処理を行う．共通線信号プロセッサCSP（Common channel Signaling Processor）は，8.4節で述べたRNS-CN間インタフェース，8.5節で述べたCN内インタフェースの信号方式のレイヤ3以上のプロトコル処理を行う．そのほか，保守運用プロセッサOMP（Operation and Maintenance Processor）は，交換機内各装置の障害を保守運用システムに表示し，またその保守運用システムからの命令に従って，予備装置への切換えなどの処理を行う．

（2）スイッチ部

スイッチ部は，ATMセルを伝送路間で切り換えるATM-SW，伝送路との

間のインタフェースATM-IFで構成され，4.4節で述べたATM交換伝達を行う．図**9.2**に，ATM-SW構成例を示す．ATM-IFを通してATM-SWに入力したATMセルは，まず多重装置の回線対応部で交換機の出力伝送路で伝達するためのATMヘッダに書き換えられる．回線対応部では，更にその出力伝送路に対応する分配装置にスイッチングするためのSWヘッダが付加される．次に，多重装置の出力で一本のATM-SW内部の伝送路に多重されて，コアスイッチに届けられる．コアスイッチ内部では，メッシュに回線が配線されており，SWヘッダによって目的の分配装置にATMセルは届けられる．分配装置では，更にそのSWヘッダによって目的の出力伝送路に向けてATMセルは分配され，回線対応部でSWヘッダを除去してATM-IFに向けて出力される．

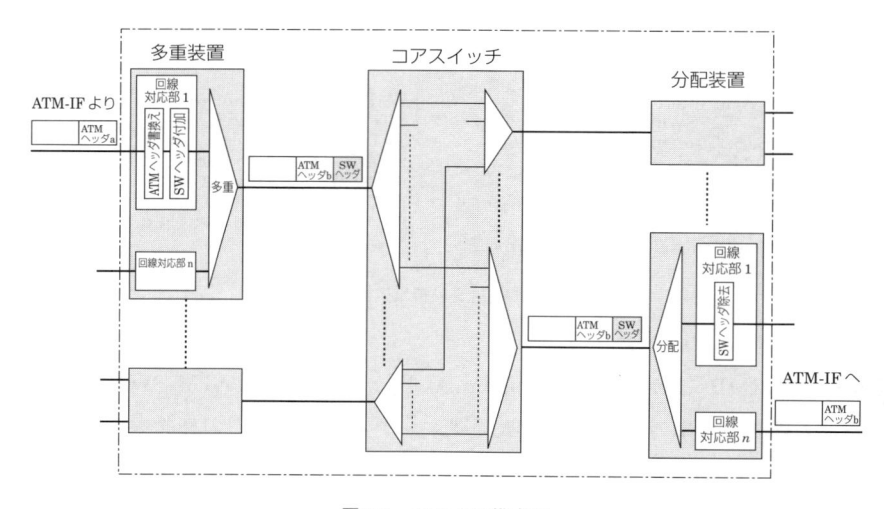

図9.2 ATM-SW構成例

　また，スイッチ部では，4.4節で述べたような，主に低速音声データをまとめて運ぶAALタイプ2フォーマットを構成する合成トランクCMP（CoMPosit trunk）を持つ．また，信号トランクSIG（SIGnaling trunk）にて，8.4節で述べたRNS-CN間インタフェース，8.5節で述べたCN内インタフェースの信号方式のレイヤ2まで（物理レイヤ，ATM，AAL5，SSCOP，SSCF-NNIサブレイヤ）のプロトコル処理を行う．

更に，スイッチ部では，回線交換専用及びパケット交換専用の装置を有する．また，MSC，SGSN機能を有するS（Serving)-ATM交換機と，GMSC，GGSN機能を有するG（Gateway)-ATM交換機において，外部装置とのインタワーキングのための特殊な装置を装備する．

サービストランクSVT（SerVice Trunk）は，S-ATM交換機におけるMSCの機能として，コールウェイティング，会議電話などの付加サービス，警察・消防接続，時報などの各種のサービス制御を行う装置である．

また，G-ATM交換機におけるG-MSC機能として，STMベースのPSTN/ISDN/PLMNと接続するためのATM-STM変換装置を持つ．このATM-STM変換装置は，ATMセルの分解，組立を行うCLAD（CeLl Assembly and Deassembly），2.1節で述べた回線交換を行うSTMスイッチ，及びSTM伝送路とのインタフェースSTM-IFで構成される．

また，S-ATM交換機におけるSGSNの機能として，RNS及びGGSNとの間のトンネルを形成するPSU（Packet Subscriber Unit），G-ATM交換機におけるGGSNの機能として，SGSNとの間のトンネルを形成するPGU（Packet Gateway Unit）及びPDNとの間のインタフェースIPU（IP Multiplex Unit）を有する．

9.1.2 ATM交換機ソフトウェア構成

図9.3に，ATM交換機ソフトウェア構成例を示す．ATM交換機ソフトウェアは，大別すると，(1) 交換機としての様々な制御，管理を行うアプリケー

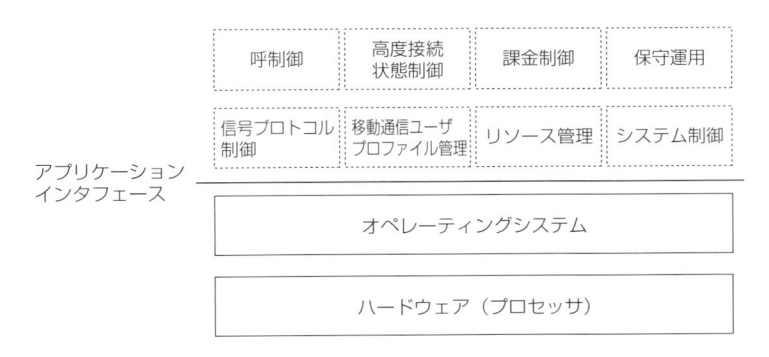

図9.3 ATM交換機ソフトウェア構成例

ションソフトウェアと，(2) ハードウェア（プロセッサ）を起動・制御して，そのアプリケーションソフトウェアを実行・管理するオペレーティングシステムソフトウェアで構成される．両者の間では，明確なアプリケーションインタフェースAPI（APplication Interface）を規定し，アプリケーションソフトウェアの装置独立性，柔軟性，拡張性を高めている．

アプリケーション部を分類すると，以下のようになる．

（1） 呼制御

第2章，第3章で述べた，回線交換通信，パケット交換通信に関して，交換機（MSC，GMSC，SGSN，GGSN）としての通信状態を管理し，その発着信制御，移動管理を行う．また，通信相手先の番号から通信データを伝達すべき伝送路の方路を決定する．

（2） 高度接続状態制御

第7章で述べた，移動通信ユーザから要求される様々なネットワークサービスの分析，制御を行う．7.1節で述べたように，VHEサービスを実施する場合に，SCFの指令に従って基本呼状態を遷移させる．

（3） 信号プロトコル制御

第8章で述べた，無線インタフェース，RAN-CN間インタフェース，網インタフェースの信号プロトコル制御を行う．

（4） 移動通信ユーザプロファイル管理

回線交換ネットワークにおけるVLR，パケット交換ネットワークにおけるSGSN内の移動通信ユーザプロファイルの管理を行う．また，第5章で述べた各種識別子を管理し，第6章で述べた移動通信ユーザに対する認証を実行する．

（5） リソース管理

ATMスイッチの入出力伝送路の空塞管理を行う．

（6） 課金制御

回線交換接続の時間課金，パケット交換接続のパケット課金などの従量制課金のための計測を行う．

（7） 保守運用

障害時の警報表示，保守コマンドの実行，運用試験，トラヒック測定と収

集，などを行う．

（8） システム制御

アプリケーション部の初期設定，再開処理を行う．

9.2 HSS

9.2.1 HSS装置構成

HSSは，基本的にデータベースであり，図9.4に示すように，プロセッサと磁気ディスクで構成する．

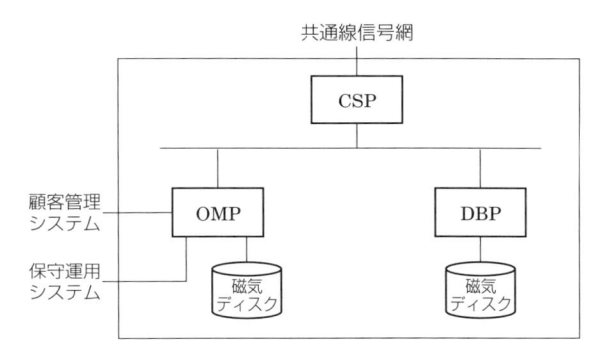

```
                    共通線信号網
                        │
                      ┌─────┐
                      │ CSP │
                      └──┬──┘
              ┌──────────┼──────────┐
   顧客管理 ──┤          │          │
   システム    │       ┌─────┐    ┌─────┐
              │       │ OMP │    │ DBP │
   保守運用 ──┤       └──┬──┘    └──┬──┘
   システム              │          │
                      磁気       磁気
                     ディスク   ディスク
```

CSP：Common channel Signaling Processor
DBP：DataBase Processor
OMP：Operation and Maintenance Processor

図9.4 HSS装置構成例

HSSの主要機能である移動通信ユーザプロファイルの管理を，データベースプロセッサDBP（DataBase Processor）において行う．共通線信号プロセッサCSP（Common channel Signaling Processor）において，8.5節で述べたHSS-交換機間インタフェースにおけるプロトコル処理を行い，交換機と制御信号の送受信を行う．移動通信ユーザプロファイルの加入者契約情報は顧客管理システムで設定され，保守運用プロセッサOMP（Operation and Maintenance Processor）に送られ，DBPで管理される．また，OMPにおいて，HSS自身の障害を保守運用システムに通報し，その保守運用システムの指示に従って予備装置への切換えなどを行う．

9.2.2 HSSソフトウェア構成

図9.5に，HSSソフトウェア構成例を示す．HSSソフトウェアは，交換機ソフトウェア構成と同様にHSSとしての様々な制御，管理を行うアプリケーションソフトウェアと，ハードウェア（プロセッサ）を起動，制御してそのアプリケーションソフトウェアを実行，管理するオペレーティングシステムソフトウェアで構成される．両者の間では，明確なアプリケーションインタフェースAPIを規定し，アプリケーションソフトウェアの装置独立性，柔軟性，拡張性を高めている．

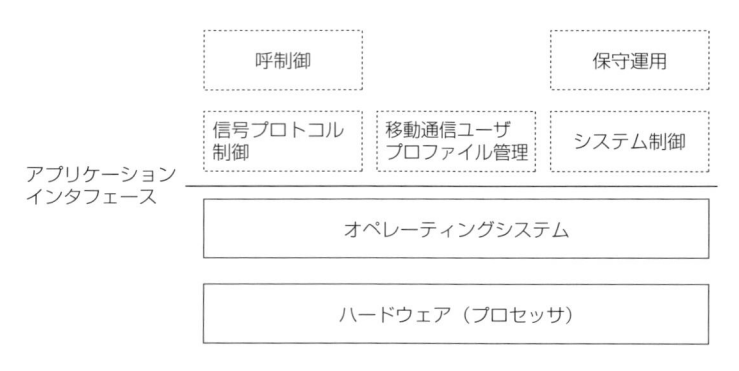

```
                    ┌─────────────┐                        ┌─────────────┐
                    │   呼制御    │                        │  保守運用   │
                    └─────────────┘                        └─────────────┘
                    ┌─────────────┐ ┌─────────────────┐ ┌─────────────┐
                    │信号プロトコル│ │移動通信ユーザ    │ │システム制御 │
   アプリケーション  │   制御      │ │プロファイル管理 │ │             │
   インタフェース   └─────────────┘ └─────────────────┘ └─────────────┘
                    ┌──────────────────────────────────────────────────┐
                    │            オペレーティングシステム              │
                    └──────────────────────────────────────────────────┘
                    ┌──────────────────────────────────────────────────┐
                    │            ハードウェア（プロセッサ）            │
                    └──────────────────────────────────────────────────┘
```

図9.5　HSSソフトウェア構成例

アプリケーション部を分類すると以下のようになる．

（1）**呼制御**

第2章，第3章で述べた，回線交換通信，パケット交換通信におけるHSSとしての通信状態を管理し，その発着信制御，移動管理を行う．

（2）**信号プロトコル制御**

8.5節で述べた，HSS-交換機間インタフェースの信号プロトコル制御を行う．

（3）**移動通信ユーザプロファイル管理**

移動通信ユーザに関する加入契約情報，MSが存在するVLR，SGSNの位置情報，及び第6章で述べた秘密キーなどのセキュリティ情報，などの移動通信ユーザプロファイル管理を行う．

（4） 保守運用

障害時の警報表示，保守コマンドの実行，運用試験，トラヒック測定と収集，などを行う．

（5） システム制御

アプリケーション部の初期設定，再開処理を行う．

参 考 文 献

(1) 山本浩治, 石野文明, 福島弘典, 澤田 寛, 貝山 明, 花岡光明, "IMT-2000サービス特集 コアネットワーク技術," NTT DoCoMo テクニカルジャーナル, vol. 9, no. 3, pp. 17-31, Oct. 2001.

第10章

標準化

　世界中"どこでも","どことでも"通信できるためには，第8章で述べた信号プロトコルの国際標準化が必須である．

　本章では，まず，標準化の目的と信号プロトコル標準の基本的な作成手法について述べる．次に，国内標準化機関であるARIB/TTCの構成と役割について述べる．また，国際標準化機関であるITUにおける移動通信に関わる国際標準化組織構成と所掌範囲，及び3G移動通信システムの詳細仕様を作成する3GPP・3GPP2の標準化作業概要を述べる．更に，関連標準化団体である，OMA，IETFについてもその組織構成と所掌範囲を簡単に紹介する．

10.1　標準化の目的

　固定通信においては，世界中のどの端末から"どことでも"電話できるようにするために，古くから，ネットワークと電話端末の間，及びネットワークとネットワークの間のインタフェースにおける信号プロトコルの国際標準化が行われてきている．

　移動通信でも，同様に，移動端末と世界中の移動端末，固定端末の"どことでも"電話できるようにするため，この固定通信のためのネットワーク間インタフェース（8.5節で述べた交換機間インタフェースに相当）の国際標準信号プロトコルを各移動通信事業者は採用している．移動通信では，更に，世界中"どこでも"移動端末を持って通信できるようにするために（ローミ

ングするために），ネットワークと移動端末間，ネットワークとネットワーク間の信号プロトコルの国際標準化が必要である．

歴史的には，1.3節で述べたように，第1世代移動通信システムでは世界各国においてばらばらの方式を採用し，移動通信固有の標準化は行われなかった．第2世代移動通信システムでは，日米欧において各々地域標準化が行われ，日本標準PDC（Personal Digital Cellular），北米標準ANSI（American National Standards Institute)-41，欧州標準GSM（Global System for Mobile communications）が作成された．この結果，日本国内では，PDCに基づく事業者間のローミングが実現された．一方，ANSI-41，GSMは他地域にも広まり，その採用した国々の事業者間でのローミングが実現された．こうした中で国際ローミングに対する需要が高まり，後述するように，第3世代国際標準IMT（International Mobile Telecommunications)-2000が作成されたのである．

このように，移動通信では"どこでも"，"どことでも"通信できることが，標準化の第一目的である．

更に，ネットワーク内の各ノード間のインタフェースを標準化することにより，そのインタフェース間で，あるメーカが製造したノードとほかのメーカが製造したノードを接続することが可能となる．このノード間インタフェースの標準化は，移動通信事業者にとっては，ノードを購入するメーカの選択自由度が増すために，ネットワークコストの低減化を図ることを可能とする．

一方，メーカにとっては，製造したノードを多くの移動通信事業者に販売することが可能となり，ノードコストの低減化を図ることができる．このように，ネットワークコストの低減も，標準化の目的である．

10.2　ネットワーク標準作成手法

ネットワークの標準化は，一般に，以下の3ステージ手法[1]に則って作成される．

Stage 1：サービス側面　　ユーザの観点に立って，サービス全般の記述を行う．

Stage 2：機能的なネットワーク側面　Stage 1で記述されたサービスを実現するネットワークの機能と，ネットワークのノード間，ネットワークと端末間の情報フローを作成する．

Stage 3：ネットワーク実装側面　Stage 2で明確化された情報フローなどに基づいて，ネットワークのノード間，ネットワークと端末間の各インタフェース上の信号プロトコルを規定する．

本書の第2章から第7章はStage 2（と一部のStage 1），第8章がStage 3に対応している．

例えば，回線交換サービスに関して，音声ベアラサービスと64 kbit/sの非制限ディジタルベアラサービスを提供する機能の標準化プロセスを考えてみよう．この場合に各標準化ステージの作業を対応づけると，

［**Stage 1**］　図10.1（a）に示すように，ユーザの観点からのサービス仕様として，以下のように規定する．

"ネットワークは音声ベアラサービスと，64 kbit/sの非制限ディジタルベアラサービスを提供する．ユーザは発信時にこれらのベアラサービスを指定する．"

［**Stage 2**］　Stage 1サービス仕様に対して，図10.1（b）に示すように，MSとMSC/VLR間で情報フローを規定する．本フローでは，MSから音声または非制限ディジタルベアラ種別を含むメッセージ"呼設定（SETUP）"をMSCに送信し，MSCで要求されたベアラサービスに適する回線を捕捉する（本例は，図2.4の回線交換発信制御手順の一部である）．

［**Stage 3**］　Stage 2で作成した情報フローに基づいて，図10.1（c）に示すように，メッセージ"SETUP"[2]に対して，情報要素"Bearer Capability"を用意して，パラメータ"Transfer mode"と"Information transfer capability"を規定し，その値として，各々回線交換モード"0"，音声ベアラ"000"，非制限ディジタルベアラ"001"の2進数を割り当てる．

"ネットワークは，音声ベアラサービスと 64 kbit/s 非制限ディジタルベアラサービスを提供する．ユーザは，発信時にこれらのベアラサービスを指定する．"

（a）Stage 1

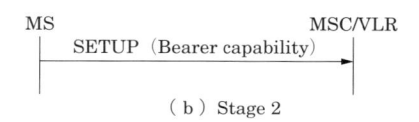

```
MS                                    MSC/VLR
 |------SETUP（Bearer capability）------>|
```

（b）Stage 2

メッセージ "SETUP" の構成

Information element	Type/Reference	Presence	Format	Length
Call control Protocol discriminator	Protocol discriminator	M	V	1/2
Transaction identifier	Transaction identifier	M	V	1/2
Setup Message type	Message type	M	V	1
BC repeat indicator	Repeat indicator	C	TV	1
Bearer capability 1	Bearer capability	O	TLV	3-16

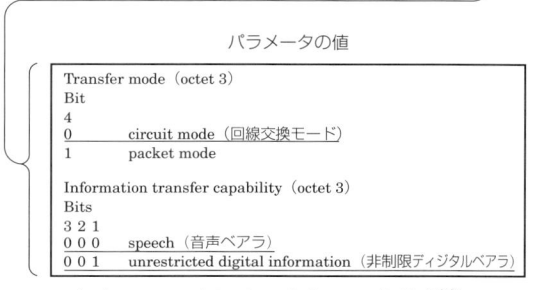

情報要素 "Bearer capability" の構成

	Bearer capability IEI			
	Length of the bearer capability contents			
0/1 ext	radio channel requirement	co-ding std	trans-fer mode	information transfer capability

パラメータの値

```
Transfer mode（octet 3）
Bit
4
0        circuit mode（回線交換モード）
1        packet mode

Information transfer capability（octet 3）
Bits
3 2 1
0 0 0    speech（音声ベアラ）
0 0 1    unrestricted digital information（非制限ディジタルベアラ）
```

（c）Stage 3（メッセージ "SETUP" 構成[(2)]）

図**10.1** 信号プロトコル標準化作成例

10.3 国内標準化機関

日本国内においては，移動通信に関する標準化機関として，情報通信ネットワークに係る標準化機関である，社団法人情報通信技術委員会TTC（the

Telecommunication Technology Committee）と，通信・放送分野における電波利用システムの標準化機関である，社団法人電波産業会 ARIB（Association of Radio Industries and Businesses）がある．

10.3.1　TTC

TTC の組織構成を図 **10.2** に示す[3]．TTC では，標準化会議にて中長期の標準化戦略を決定し，標準の制定，改定，及び廃止を行う．配下には，2005年1月現在において，情報通信ネットワーク全般に関わる 12 専門委員会が設置

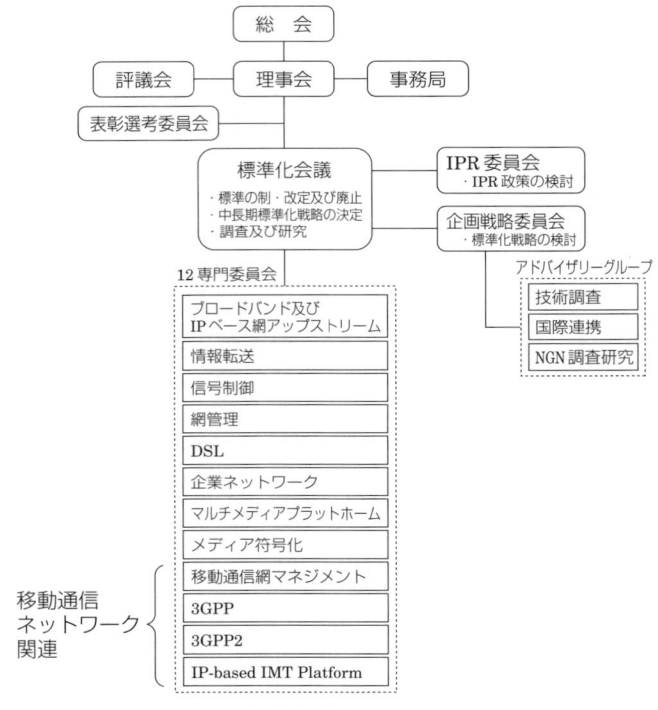

IPR：Intellectual Property Right（知的財産権）
NGN：Next Generation Network（次世代ネットワーク）
IP：Internet Protocol（インターネットプロトコル）
DSL：Digital Subscriber Line（高速ディジタル加入者線）
3GPP：3rd Generation Partnership Project（第 3 世代パートナシッププロジェクト）
3GPP2：3rd Generation Partnership Project two（第 3 世代パートナシッププロジェクト 2）
IMT：International Mobile Telecommunication（次世代携帯電話方式）

図 **10.2**　TTC 組成構成（TTC Website：www.ttc.or.jp から抜粋）

されており，移動通信関連の専門委員会としては，後述する国際標準化プロジェクト3GPP，3GPP2に対応する専門委員会，11.4節で述べるAll-IP移動通信ネットワークに関するIP^2（IP-based IMT Platform）専門委員会，及び移動通信国際標準化方針に関する移動通信網マネジメント専門委員会の4専門委員会が存在する．また，これらの標準化戦略の策定，専門委員会の設置，統廃合などは，企画戦略委員会で行われる．移動通信分野に関して，TTCは，主に，CN（Core Network）の標準化を分担している．

10.3.2 ARIB

ARIBの組織構成を，図10.3$^{(4)}$に示す．ARIBでは，規格会議において標準規格を策定する．第3世代移動通信に関する委員会として，IMT-2000委員会が設置されており，IMT-2000無線方式に関する日本提案方式，及び12.1節で述べるようなIMT-2000及び後継システムに関する国際標準化機関ITU-Rへの寄与と戦略，などの検討を行っている．移動通信分野に関して，ARIBは，無線インタフェース，及びRNS（Radio Network System），MS（Mobile Station）の標準化を分担している．

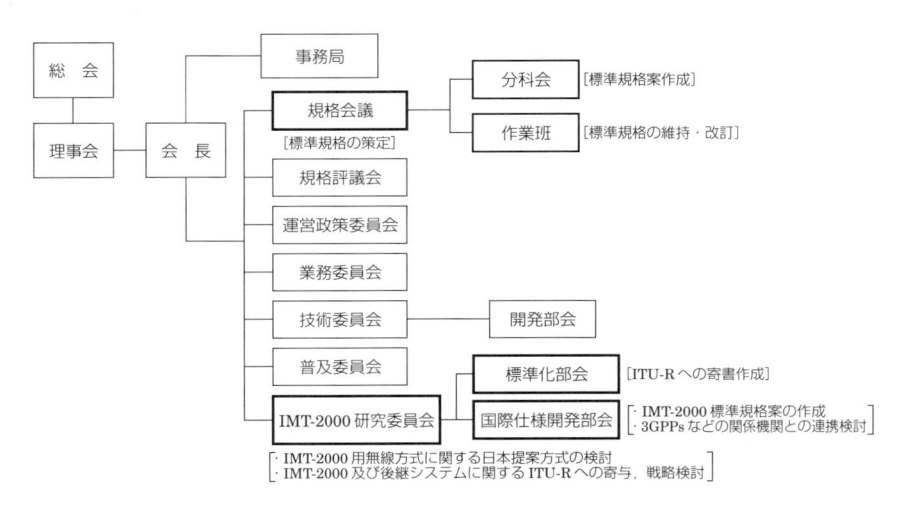

図10.3 ARIB組織構成（太枠組織部分がIMT-2000関連）

10.4 国際標準化機関

10.4.1 ITU

国際電気通信連合ITU（International Telecommunication Union）は，電気通信全般に関する国際勧告を作成する組織である[5]．ITUでは，世界各国の政府と民間の通信事業者，メーカ，地域標準化組織などが参加している．ITUの組織構成を図10.4に示す．ITUでは，最高意思決定機関である全権委員会議PP（PleniPotentiary conference）の配下に，電気通信標準化部門ITU-T（Telecommunication standardization sector），無線通信部門ITU-R（Radiocommunication sector），電気通信開発部門ITU-D（telecommunication Development sector）と，世界国際電気通信会議，理事会，及び事務総局からなる．

ITU-Tは，信号プロトコル，アーキテクチャ，光伝送，通信品質，番号計画，マルチメディアサービス，通信管理，料金原則など，電気通信全般の標準を作成する．ITU-Rは，放送，衛星，移動通信システムへの無線周波数の割当てを行う．ITU-Dは，開発途上国に対して電気通信分野の援助をするための資金流動を活性化し，開発途上国の電気通信網，サービスの開発，拡充，運用を促進，適正技術移転の調整などを行う．

ITUでは，第3世代移動通信システムに関しては，FPLMTS（Future Public Land Mobile Telecommunication Systems）という名称で国際標準化が進められ，後にIMT（International Mobile Telecommunications)-2000と改称された[6]．この"2000"には，2000年ごろに，2,000 MHz（2 GHz）当りの周波数を使用し，2,000 kbit/s（2 Mbit/s）までの通信速度のサービスを提供するシステムという意味を含んでいる．

ITU-Rの検討に基づいてWARC（World Administrative Radio Conference)-92において，このIMT-2000に対して，1,885〜2,025 MHzと2,110〜2,200 MHzが割り当てられた．

一方，IMT-2000ネットワークの国際標準化は，ITU-Tで進められた．特に，ITU-Tでは，"IMT-2000ファミリ"[7]という概念を採択することが合意された．IMT-2000ファミリとは，同等の能力を有するIMT-2000システム連邦と

第10章 標準化

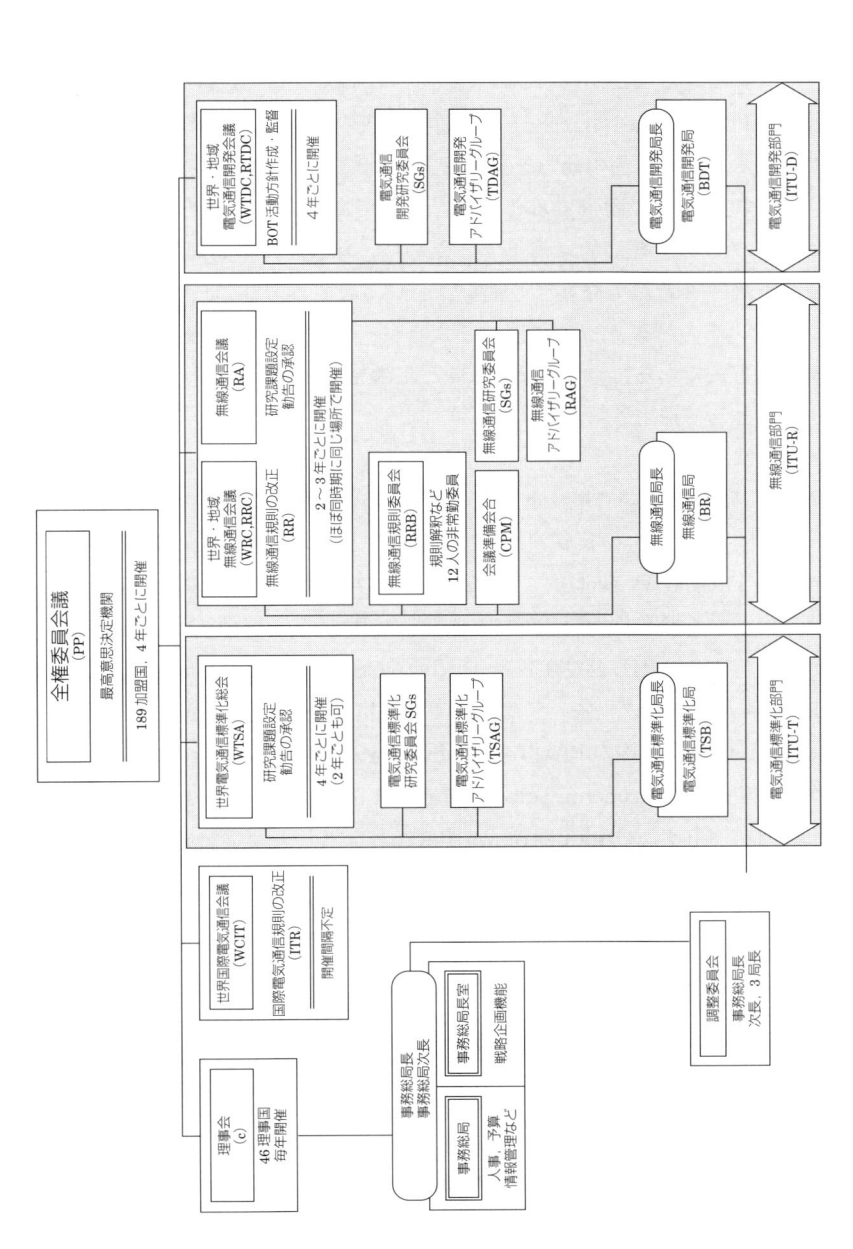

図10.4 ITUの構成（日本ITU協会Website：www.ituaj.jpより抜粋）

定義された．そして，IMT-2000ファミリメンバシステム間において，ユーザがローミングできることが勧告されている．このように，IMT-2000ファミリ概念とは，ITU-Tでは1ネットワーク制御方式のみを国際標準として勧告するのではなく，この同等の能力を有するネットワーク制御方式をIMT-2000ファミリ国際標準として勧告するという考え方である．これは，第3世代移動通信ネットワークを経済的に構築するために，第2世代移動通信ネットワークの資産をベースとして発展させたい，というマーケットニーズに従った考え方である．その結果，次項で述べるように，第2世代移動通信ネットワークの網制御方式である，欧州発のGSMと北米発のANSI-41が，IMT-2000ファミリ標準として採用された．

10.4.2　3GPP

GSMから発展するコアネットワーク制御方式をベースとしたIMT-2000ファミリメンバシステムの仕様を作成する国際プロジェクトが，3GPP（3rd Generation Partner Project）[8]である．3GPPは，図10.5に示すように，各地域や国を代表する標準化機関SDO（Standards Development Organization），すなわち，日本のARIB及びTTC，中国のCCSA（China Communications Standards Association），アメリカのATIS（Alliance for Telecommunications Industry Solutions），韓国のTTA（Telecommunications Technology Associations），及び欧州のETSI（European Telecommunications Standards Institute）が，標準化機関パートナ（Organizational Partner）として運営を支援している．そして，各SDOのメンバ企業が，図10.6に示す各技術仕様化グループTSG

図10.5　3GPPを支援する各地域標準化団体
（3GPP Website：www.3gpp.orgより抜粋）

(Technical Specification Group)，及びその配下の作業グループWG（Working Group）に参加し，詳細仕様を作成している．3GPPでは，コアネットワーク仕様に関して，ステージ1仕様はSA-WG1，ステージ2仕様はSA-WG2，ステージ3仕様はTSG-CNの各WGで分担して作成されている．3GPPには，そのほか，無線インタフェース及び本書のRNSに相当するRAN（Radio Access Network）の仕様を作成するTSG-RAN，TSG-GERAN，及び端末関連の仕様を作成するTSG-Tがある．3GPPでは，これらの仕様をある程度の作業項目として計画を策定し，新規能力を新仕様と作成したり，既存仕様に能力を追加することによって，一定の期間ごとに版数を改訂している．各SDOは，この3GPP仕様に各地域の行政上の規定，制約を盛り込んで，そのSDOの標準として制定している．

一方，ANSI-41から発展するコアネットワーク制御方式をベースとしたIMT-2000ファミリメンバシステムの仕様を作成する国際プロジェクトとして，同様の組織である3GPP2[9]が存在する．この3GPP2には，ARIB，TTC，

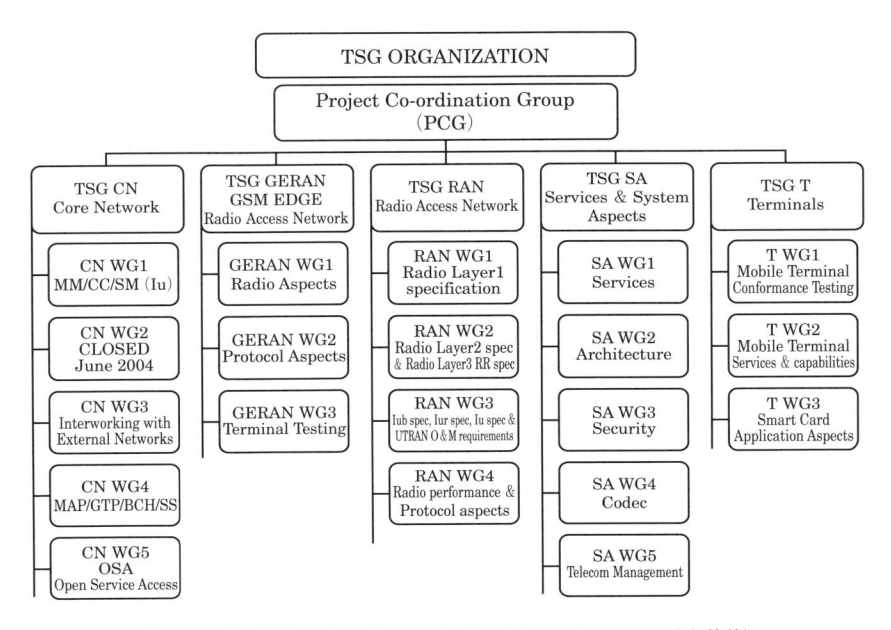

図10.6　3GPPの組織構成（3GPP Website：www.3gpp.orgより抜粋）

CCSA,TTA,及びアメリカのTIA (Telecommunications Industry Association)が支援している.

この3GPP，3GPP2を支援するSDOメンバからわかるように，GSMをベースとする第3世代移動通信網は，欧州，北米，アジアを中心に世界各国で導入されていくのに対して，ANSI-41をベースとした第3世代移動通信網は，欧州とりわけ欧州連合EU (European Union) に加盟する国々では導入される可能性は低いと考えられる.

10.4.3 OMA

上記の3Gネットワークインフラの標準化に加えて，アプリケーションの標準化が移動通信の発展にとって重要である．種々のモバイルデバイスを用いてネットワークや無線技術に依存しないモバイルデータサービスを実現する相互接続可能なサービス要素技術（Enabler）の標準化を行うのが，OMA (Open Mobile Alliance) である[10].

OMAは，図10.7に示すように，組織全体の運営及び管理権限を持つボード会議と，技術仕様の策定を行うテクニカルプレナリで構成される．テクニカルプレナリの配下には，仕様策定のプロセスを策定するプロセス委員会と，仕様のリリース管理を行うリリース管理委員会がある．また，個々のEnabler仕様を作成するWGと，各Enablerに共通の要求条件，アーキテク

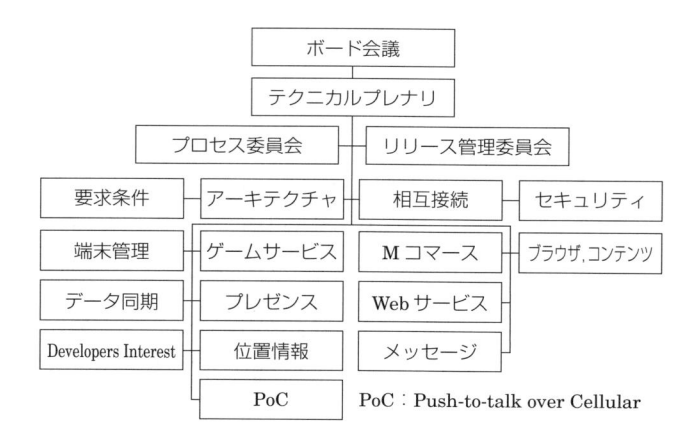

図10.7　OMAの構成

チャ，相互接続，セキュリティを扱うWGが設置されている．特に，相互接続WGにおいて，OMA仕様を独立にインプリした実装を参加各社が持ち寄り，相互接続試験を行うことによって問題点を検証することにより仕様の完成度を高めている．

10.4.4 IETF

移動通信ネットワークは，第11章で述べるように，インターネット技術を取り入れることにより更に発展しつつある．このインターネット技術の標準化を行うのが，IETF（Internet Engineering Task Force）[11]である．

IETFで標準化された代表的な信号プロトコルは，言うまでもなく，TCP/IPである．IETFは，このほか，様々なインターネットを形成，発展するために必要な信号プロトコルを非常に多くのWGを適宜発足して作成している．このWGは，図10.8に示すように，一般，アプリケーション，インターネット，運用管理，ルーチング，セキュリティ，トランスポート，ユーザサービスの8エリアの何れかに属する．このWGで作成された技術草稿は，IESG（Internet Engineering Steering Group）にて標準として承認される．IETFでは，まずおおまかな仕様を作成し，それから相互接続実験や運用を通じて，改善を加えながら詳細な仕様を実装していくという柔軟な標準策定プロセスが特徴的である．

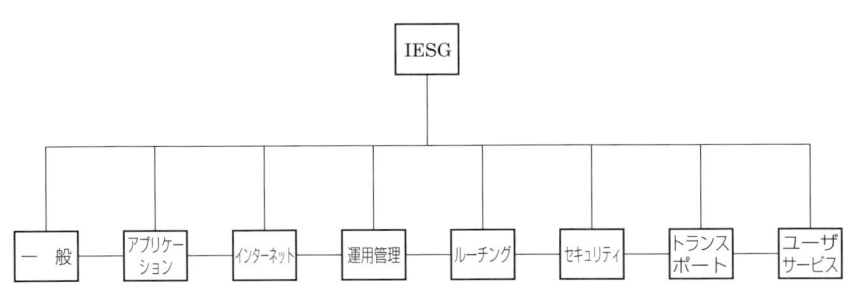

図 10.8　IETFの構成

参 考 文 献

（ 1 ） ITU-T Rec. I.130, "Method for the Characterization of telecommunication services Supported by an ISDN and Network Capabilities of an ISDN," 1988.
（ 2 ） TTC規格 JP-3GA-24.008, "Mobile radio interface Layer 3 specification; Core network protocols; Stage 3."
（ 3 ） TTC Website: www.ttc.or.jp
（ 4 ） ARIB Website: www.arib.or.jp
（ 5 ） ITU Website: www.itu.int
（ 6 ） M. Callendar, et al. "International Mobile Telecommunications -2000: Standards efforts of the ITU," IEEE Personal Communications Magazine, vol. 4, no. 4, pp. 6-40, Aug. 1997.
（ 7 ） ITU-T Rec. Q.1701, "Framework for IMT-2000 networks," 1999.
（ 8 ） 3GPP Website: www.3gpp.org
（ 9 ） 3GPP2 Website: www.3gpp2.org
（10） OMA Website: www.openmobilealliance.com
（11） IETF Website: www.ietf.org

第 11 章

IP 移動通信ネットワーク

　第3世代移動通信ネットワークは更なる発展を続けている．固定ネットワークと同様に，インターネットとの間のIPトラヒックが急速に増大しており，その効率的な運用が重要である．また，インターネット自身，従来のベストエフォート型のトラヒックに加えて，QoS（Quality of Service）を保障した音声VoIP（Voice over IP）を始めとする，端末間直接Peer-to-Peer通信が広まりつつある．したがって，移動通信ネットワークにおいてもこのようなインターネットにおける新サービスを移動通信ユーザに提供することが要求される．

　本章では，移動通信ネットワークのIP化として，従来の回線交換ネットワークのIP化，IPベースのリアルタイムマルチメディアサービスを提供することを目的としたIMS（IP Multimedia Subsystem）について述べる．更に，完全IP化を目標としたAll-IP移動通信ネットワークと，その主要技術であるIP移動管理技術について，現状の研究開発動向を述べる．

11.1 インターネットとIP

　インターネットは，一般のユーザにとっては，お好みの情報を有するホームページにアクセスしたり，電子メールを送受したりするための情報獲得及び通信手段である．ネットワーク技術の観点からは，インターネットは，コネクションレスのIPパケットを伝達する複数のネットワークが相互接続した

ネットワークの集合体である．コネクションレス伝達とは，任意の2端末間の各々のパケットを伝送路も時間間隔も全く独立に伝達する手段である．

IP（Internet Protocol）とは，送信先のIPアドレスをもとにした経路制御（ルーチング；routing）によってEnd-to-Endの通信を実現する，インターネットのネットワークレイヤプロトコルである．コネクションレス型パケット通信方式であるIPでは，現在Tbit/s（$=10^{12}$ bit/s）相当の高速大容量通信を実現している．コネクションの設定を行い信頼性を高めた通信制御は，上位レイヤであるトランスポートレイヤにおけるプロトコルTCP（Transmission Control Protocol）[1]で行う．

現在商用化されているIPバージョンは，1980年初めに制定されたIPv4である．1990年代になって検討が進められた次世代インターネットプロトコルIPv6が完成し，今後，徐々にインターネットはIPv6に移り変わっていくと想定される．

IPv6パケットの基本ヘッダ構成を図**11.1**に示す[2]．IPv4に対する大きな変更点は，アドレス空間の飛躍的な拡大である．IPv6では，アドレスを128ビ

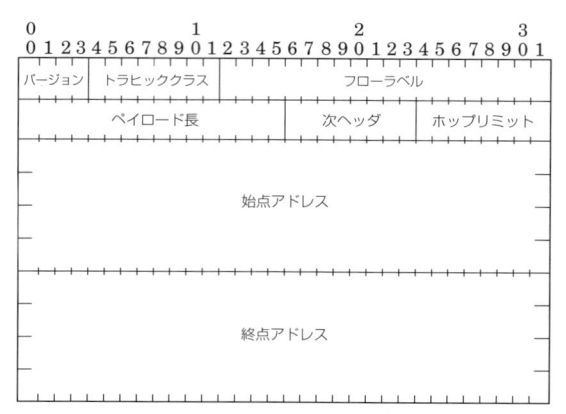

```
 0                   1                   2                   3
 0 1 2 3 4 5 6 7 8 9 0 1 2 3 4 5 6 7 8 9 0 1 2 3 4 5 6 7 8 9 0 1
+-+-+-+-+-+-+-+-+-+-+-+-+-+-+-+-+-+-+-+-+-+-+-+-+-+-+-+-+-+-+-+-+
|バージョン| トラヒッククラス |              フローラベル              |
+-+-+-+-+-+-+-+-+-+-+-+-+-+-+-+-+-+-+-+-+-+-+-+-+-+-+-+-+-+-+-+-+
|         ペイロード長          |   次ヘッダ    | ホップリミット |
+-+-+-+-+-+-+-+-+-+-+-+-+-+-+-+-+-+-+-+-+-+-+-+-+-+-+-+-+-+-+-+-+
|                                                               |
|                          始点アドレス                          |
|                                                               |
+-+-+-+-+-+-+-+-+-+-+-+-+-+-+-+-+-+-+-+-+-+-+-+-+-+-+-+-+-+-+-+-+
|                                                               |
|                          終点アドレス                          |
|                                                               |
+-+-+-+-+-+-+-+-+-+-+-+-+-+-+-+-+-+-+-+-+-+-+-+-+-+-+-+-+-+-+-+-+
```

バージョン　　：インターネットプロトコルのバージョン番号（IPv6では6）
トラヒッククラス：パケットのクラスや優先度
フローラベル　：ルータにパケットを特別扱いさせるためのラベル
ペイロード長　：基本ヘッダの後に続く部分の長さ
次ヘッダ　　　：IPv6基本ヘッダの次に続くヘッダのヘッダタイプまたはプロトコル番号
ホップリミット：ノードがパケットを転送するごとに1ずつ減算．0になるとパケットは破棄
始点アドレス　：パケットの始点アドレス
終点アドレス　：パケットの終点アドレス

図**11.1**　IPv6基本ヘッダ

ットで表現するため，全アドレス数は，$2^{128}=3.4×10^{38}$となる．この大きなアドレス空間の設定によって，全世界の各々の端末に固定的にIPアドレスを割り当てることを念頭に置いたサービス，いわゆるユビキタスサービスが可能となる．

11.2 回線交換コアネットワークのIP化

高速大容量通信を可能とするIPは，実際に運ばれるトラヒックに対して十分大きな容量の伝送路を用意することによって，回線交換トラヒックも十分な品質で伝達することを可能とする．そこで，老朽化した回線交換機のSTMスイッチをIP装置（ルータ；router）で置き換えることが考え出された．この場合，従来，第2章で述べたような呼制御と伝達制御をまとめて行っていた回線交換制御を，呼制御とIP伝達制御に分離する必要がある．

この呼制御とIP伝達制御を分離した回線交換ネットワークアーキテクチャを，図11.2に示す[3]．

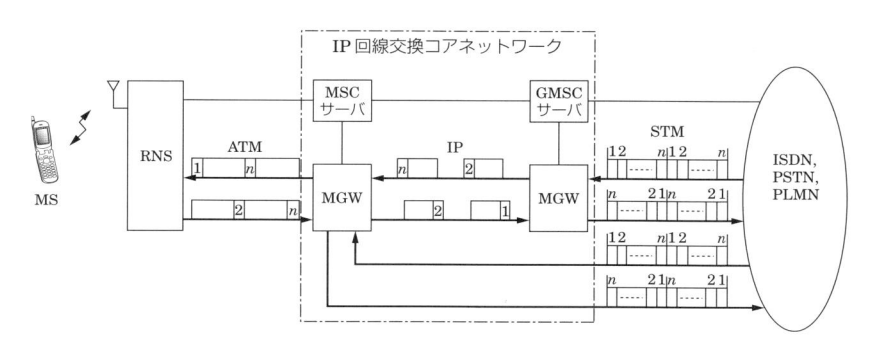

図11.2 IP回線交換コアネットワークアーキテクチャ

MSC Server，GMSC Serverは，各々，従来のMSC，GMSCの機能の呼制御及び移動管理を行う．

MGW（Media GateWay）は，伝達（ベアラ）制御を行う．特に，MSC Serverと連動するMGWは，RNSとの間のインタフェース上のATM伝達方式とコアネットワーク内のIP伝達方式の変換を行う．MSからPSTN，ISDN，PLMNに向けた発信時に本MGWから直接これらの外部網に接続する場合に

は，ATM伝達方式とSTM伝達方式の変換を行う．一方，GMSC Serverと連動するMGWは，PSTN，ISDN，PLMNからの着信時にSTM伝達方式とIP伝達の変換を行う．

図11.3に，呼制御とベアラ制御の関係を示す．MSC ServerとGMSC Serverでは，発着信及び切断時の呼制御を行う．各ServerとMGWとの間では，呼制御に従ったベアラ制御（呼・ベアラ制御）を行う．そして，MGW間ではベアラ設定，解放などのベアラ制御を行う．

図11.4に，IP回線交換コアネットワークにおけるMS間通信時のベアラ設

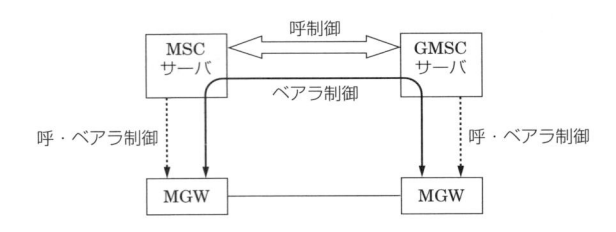

図11.3 呼制御とベアラ制御の関係

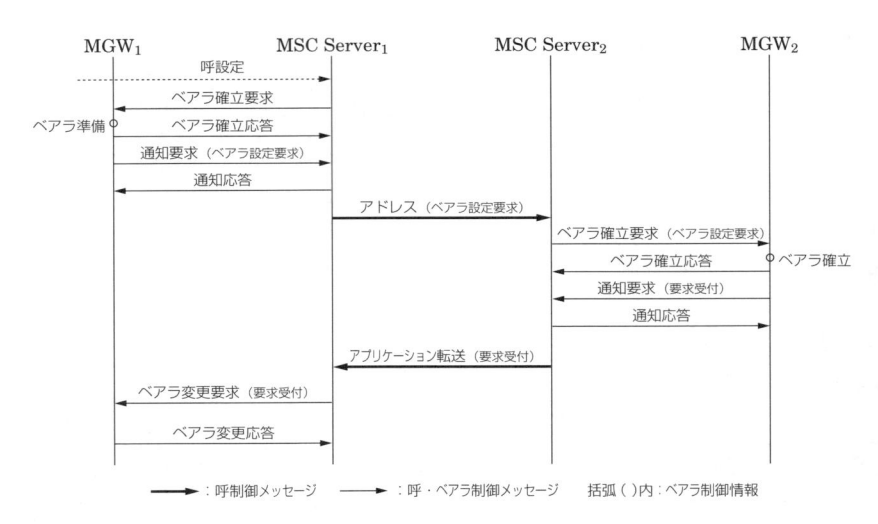

図11.4 IP回線交換コアネットワークにおけるMS間通信時のベアラ設定制御手順例

定制御手順例を示す[4]．全体の発着信制御手順は，第2章に示した発信制御手順，着信制御手順に従う．

MSからの発信により呼設定の要求があると，まず，発信側のMSC Server$_1$が，その発側MSから要求されるサービスに基づいて，その連動するMGW$_1$にベアラの確立を要求する．MGW$_1$は，所要のベアラを準備した後に，MSC Server$_1$に対して，着側のMSC Server$_2$と連動するMGW$_2$に対するベアラ制御情報である"ベアラ設定要求"情報を通知するよう要求する．MSC Server$_1$は，この"ベアラ設定要求"情報を"アドレス"呼制御メッセージに付加してMSC Server$_2$に転送する．MSC Server$_2$は，MGW$_2$にベアラの確立を要求するとともに，この"ベアラ設定要求"情報を転送する．MGW$_2$はベアラを確立し，MSC Server$_2$に対して，MGW$_1$からの要求を受け付けたことを示すベアラ制御情報である"要求受付"情報をMGW$_1$に通知するよう要求する．MSC Server$_2$は，この"要求受付"情報を"アプリケーション転送"呼制御メッセージに付加してMSC Server$_1$に転送する．MSC Server$_1$は，この"要求受付"情報をMGW$_1$に転送する．なお，MGW$_2$からの要求受付時には，4.1節で述べたように音声CODECの整合に伴ってベアラを変更することが可能である（そのため，図11.4では，MSC Server$_1$からMGW$_1$への制御メッセージを"ベアラ変更要求"と称している）．

11.3　IPリアルタイムマルチメディアサービス制御

インターネットでは，既に，テキストのみならず音声や動画像を用いたチャット，インスタントメッセージングIM（Instant Messaging）通信が広まりつつある．更には，ライブ情報を伝達するストリーミングサービスや，現状ではまだ若干通信品質は劣るものの，IP電話サービスVoIP（Voice over IP）も徐々に提供されつつある．また，これらのサービスに付随して，通信したい相手の状態（位置，在籍・離籍，接続中の有無，など）を確認するプレゼンスサービスが提供されており，そのプレゼンス確認後に通信を行うといった礼儀正しい通信が可能になっている．

これらの，いわゆるPeer-to-PeerのIPリアルタイムマルチメディア通信サービスを行うためには，Peer間（端末ホストと端末ホスト間，サーバと端末

ホスト間）で通信のセッションを確立する必要がある（"セッション"とは，2.3 節で述べた回線交換における"呼"に相当すると考えると分かりやすいであろう）．

この IP リアルタイムマルチメディアサービス制御は，図 11.5 に示すように，第 3 章で述べた移動通信パケット交換ネットワークに IMS（IP Multimedia Subsystem）を付加することにより実現する．

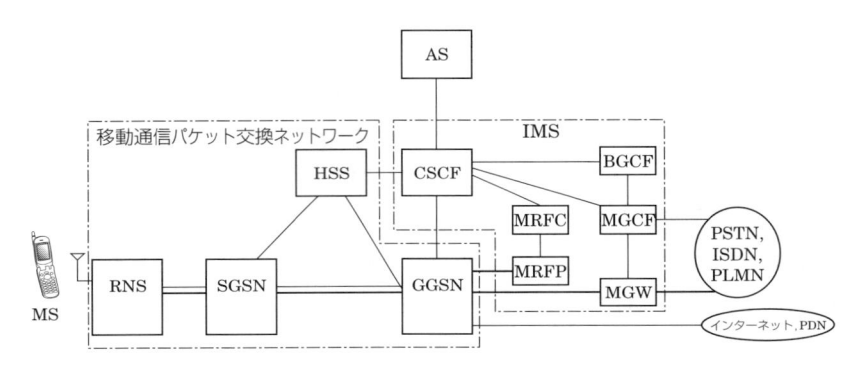

図 11.5　IP リアルタイムマルチメディアサービス制御のためのネットワークアーキテクチャ

CSCF（Call Session Control Function）は，ネットワーク内のセッション状態を維持し，AS（Application Server）と連動して様々なセッション制御サービスを提供する．

MRFP（Multimedia Resource Function Processor）は，会議用のメディア合成，トランスコーダ，アナウンス装置などのマルチメディアリソースであり，MRFC（Multimedia Resource Function Controller）が，CSCF，AS の指令に基づいて制御する．

MGW（Media GateWay function）は，STM などの回線交換伝達と IP 伝達の変換を行う．MGCF（Media Gateway Control Function）は，MGW の接続状態を管理するとともに，回線交換ネットワークの制御信号と IMS の制御信号の変換を行う．

BGCF（Breakout Gateway Control Function）は，回線交換ネットワークとの相互接続にあたって，MGCF の選択を行う．

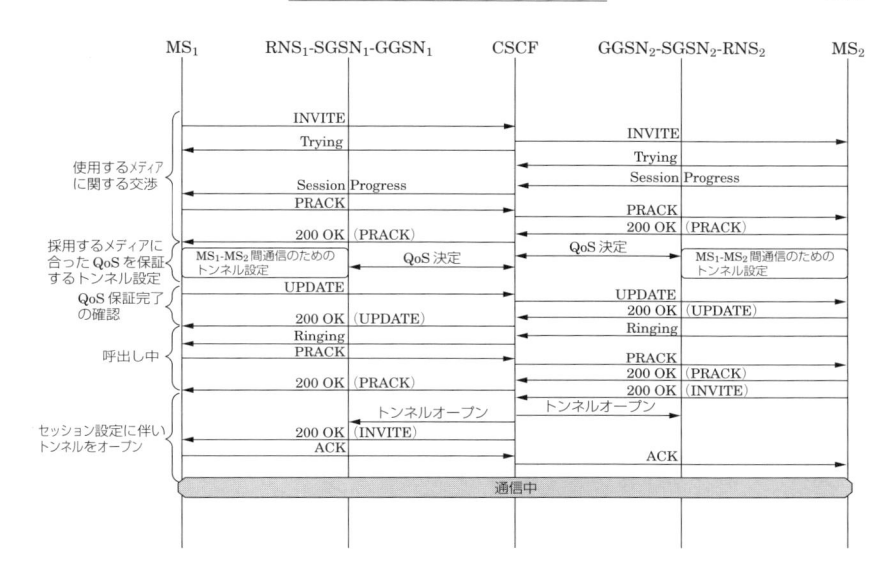

図11.6 IMSを用いた発着信制御手順

このIMSを用いた移動端末間の発着信セッション制御手順を，図11.6に示す．なお，本節の制御手順におけるCSCFの関与する各メッセージの名称は，インターネットのセッション制御プロトコルSIP（Session Initiation Protocol）[5]のメッセージ名称をそのまま使用する．

IPリアルタイムマルチメディアサービスを享受するために，MS_1とMS_2は各々IMSサービス登録を事前に行って，セッション制御メッセージをCSCFとの間で伝達するためのトンネルがあらかじめ設定されている．

まず，MS_1から通信先のMS_2に向けてセッション確立を開始するためにメッセージ"INVITE"を送信する．以降，CSCFを経由してメッセージをMS_1とMS_2の間でやり取りして，使用するメディアの種類（テキスト，音声，Videoなど）とその符号化方式などを決定する．

次に，MS_1，MS_2は各々，決定したメディアに適したQoS（Quality of Service）を保証してIPパケット通信データを伝達するトンネルの設定を要求する．各$GGSN_1$，$GGSN_2$は，要求QoSを受け付けるかどうかCSCFに伺い，CSCFの決定に基づいて各々トンネルを設定する．

この後，MS_1とMS_2の間で所望のQoSを保証する伝送路が設定完了したことを確認し，MS_2で呼出しを開始する．MS_2からセッション開始の応答メッセージ"200 OK (INVITE)"がCSCFに送られると，CSCFは，双方のトンネルをオープンするように指示する．

このメッセージ"200 OK (INVITE)"の確認メッセージ"ACK"をMS_1からMS_2に送ることによりセッション確立は完了し，MS_1とMS_2の間でPeer-to-PeerのIPパケット通信が開始される．

現在，このIPリアルタイムマルチメディアサービスの有力なサービスの一つとして，移動端末をトランシーバのように扱い，端末に備えられた特殊なボタンを押下することにより発言権を取得して，音声メッセージを1または複数の通信相手に伝えるPoC (Push-to-talk over Cellular) サービスが検討されている．

このPoCサービス制御手順を，図11.7に示す．PoCサービスでは，メッセージ発言権の制御及び音声メッセージの伝達制御をPoCサーバが行う．MS_1

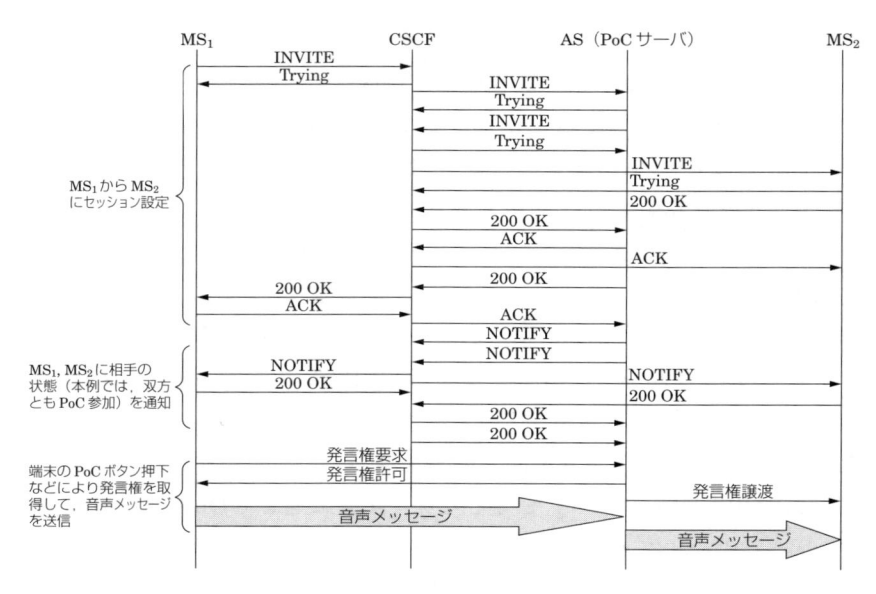

図11.7 PoCサービス制御手順

がMS$_2$とPoCサービスを享受したい場合には，まず，MS$_1$からPoCサーバ経由で通信先のMS$_2$に向けてセッション設定を開始する．MS$_1$とMS$_2$の間でセッションが確立されると，PoCサーバからMS$_1$，MS$_2$に対して相手の状態（図11.7の例では，双方ともPoCサービスに参加）を通知する．

その後，MS$_1$，MS$_2$では，ユーザがPoCボタンを押下して発言権を取得し（図11.7の例では，MS$_1$が発言権取得），音声メッセージを相手に送信する．

このPoCサービスを行うためには，通信したい相手の現在の状況を知ることが有効である．このようなプレゼンスサービスのための制御手順例を図11.8に示す．本例では，MS$_1$がMS$_2$との間で互いの状態を表示しあうようにプレゼンスサーバに申込みを行う．この申込みが行われると，まず，MS$_1$に対して，MS$_1$自身とMS$_2$の状態が表示される．以降，MS$_1$，MS$_2$の状態が変化するごとに，プレゼンスサーバに公表する．プレゼンスサーバは，その状態変化を申込みのあったMSに伝える．図11.8の例では，MS$_2$が状態変化をプレゼンスサーバに公表し，プレゼンスサーバからMS$_1$にその変化を通知している．

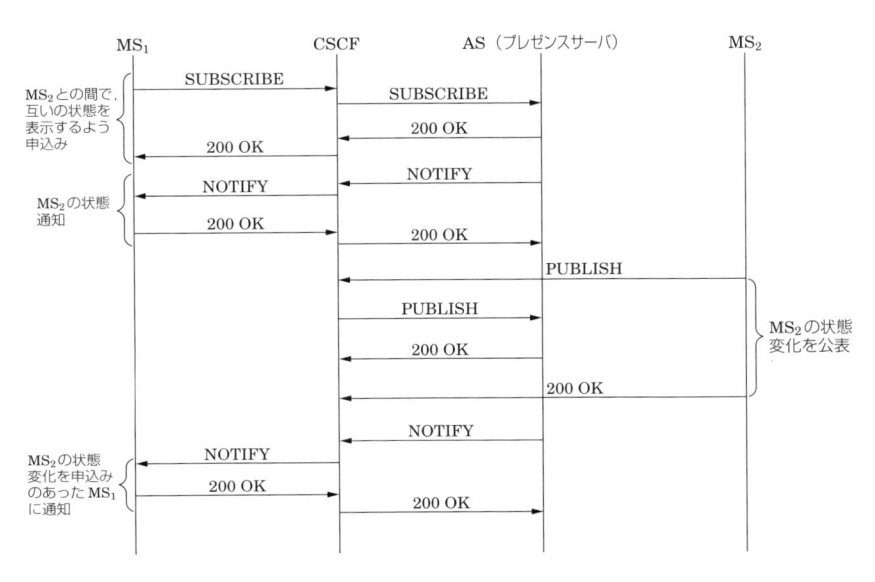

図11.8 プレゼンスサービス制御手順

11.4 All-IP移動通信ネットワーク

前節までに述べてきたように，移動通信ネットワークに対して徐々にIP技術が採用され，今後，様々なモバイルインターネットサービスが提供されていくことであろう．

しかしながら，ネットワーク制御の観点から見ると，図 **11.9**（a）に示すように，移動通信パケット交換ネットワークは，依然として，インターネットとは分離したネットワークである．

表11.1に示すように，現在の移動通信ネットワークとインターネットでは，

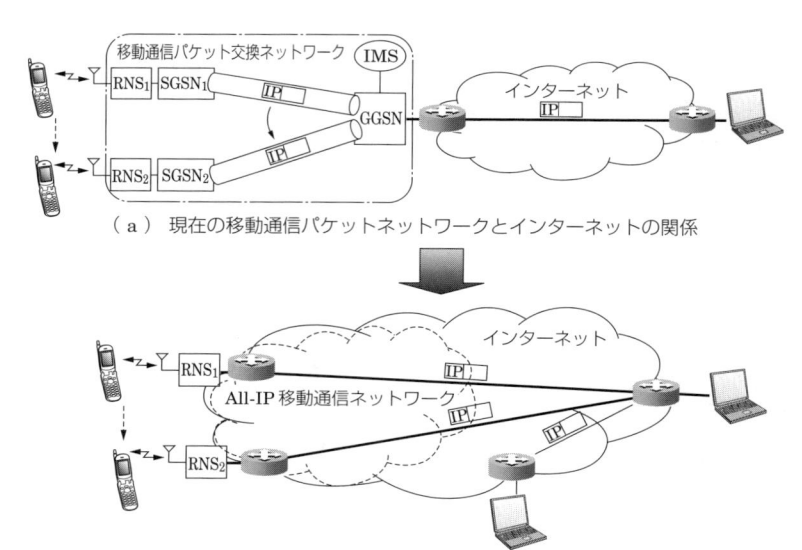

（a）現在の移動通信パケットネットワークとインターネットの関係

（b）将来のAll-IP移動通信ネットワークとインターネットの関係

図**11.9** All-IP移動通信ネットワーク

表**11.1** 移動通信パケット交換ネットワークとインターネットの違い

	移動通信パケット交換ネットワーク	インターネット
ネットワーク アーキテクチャ原則	ネットワーク集中制御 （Intelligent Network）	End-to-End 分散制御 （Stupid Network）
ネットワーク制御	移動端末に割り当てた移動端末番号 （移動端末識別子）に基づく制御	端末に割り当てた IP アドレス に基づく制御

ネットワークアーキテクチャ原則と，基本的なネットワーク制御が異なる．

移動通信パケット交換ネットワークは，従来の電気通信ネットワーク型であり，ネットワーク内で集中制御を行い，Intelligent Network（知的網）指向である．一方，インターネットは，ほとんどの制御を端末に分散して端末間（End-to-End）で行い，ネットワーク自身はStupid Network（愚かな網）指向である．

移動通信パケット交換ネットワークは，第5章で述べたように，移動端末に割り当てられた移動端末番号（移動端末識別子）に基づいて，ネットワーク制御が行われる．他方，インターネットは，すべて端末に割り当てられたIPアドレス（11.1節参照）に基づいて，ネットワーク制御が行われる．

インターネットは，依然，固定ネットワークである．すなわち，現在，移動管理は，インターネットの外の移動通信パケット交換ネットワークで行われている．インターネットから見ると，移動通信パケット交換ネットワークはその一アクセス系とみなされる．

この移動通信パケット交換ネットワークとインターネットの融合を図るネットワークが，図11.9（b）に示すAll-IP移動通信ネットワークであり，現在，その早期構築に向けて研究開発及び国際標準化が進められている．

このAll-IP移動通信ネットワークは，将来のインターネットの一サブネットワークとして位置づけられる．All-IP移動通信ネットワークは，すべての移動端末に割り当てられたIPアドレスに基づいてネットワーク制御が行われる．すなわち，ネットワーク制御に関しては，従来のインターネット制御を採用する．一方，ネットワークアーキテクチャ原則に関しては，現在，従来の移動通信パケット交換ネットワークのIntelligent Network指向と，従来のインターネットワークのStupid Network指向の双方の研究が進められている．特に，この指向の違いは，次節で述べるように，移動通信パケット交換ネットワークの心臓部分である移動管理に現れている．

11.5　IP移動管理技術

インターネットにおいても，図**11.10**に示すように，端末がどのアクセスリンクからでも同一IPアドレスを用いて通信をできるように，移動管理プロト

コルの標準化が，Mobile IP[6]という名前のもとに進められてきた．Mobile IPでは，移動端末をMN（Mobile Node），その通信相手をCN（Correspondent Node）と呼んでいる．MNのホームリンクでは，MNの移動先のアドレスを管理し，MN宛のIPパケットを転送するHA（Home Agent）が存在する．これまで，IPバージョンごとにMobile IPの標準が作成されてきているが，以下では，IPv6対応のMobile IPv6を例にとって説明する．

　MNがホームリンクを離れて別の外部のリンクに接続すると，MNはこの外部リンクで暫定的なアドレスCoA（Care-of-Address）を取得して，HAに記憶されるMNの移動先アドレス情報を更新する．以降，あるCNからMNへ通信データを送信する場合には，図11.10（a）に示すように，その通信データは，まず，CNにおいてMNのIPアドレスであるIP_{MN}を付加したIPパケットによりHAまで伝達され，引き続いて，HAに記憶されたCoAによるトンネルによってMNまで転送される（このトンネリング制御は，3.2節で述べた移動通信パケットネットワークにおけるトンネリング制御と同等の制御である）．

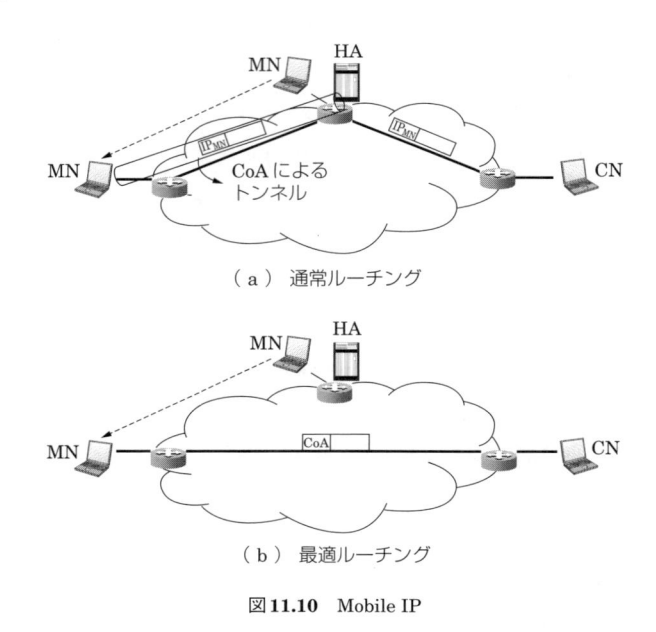

（a）通常ルーチング

（b）最適ルーチング

図 **11.10**　Mobile IP

第11章 IP移動通信ネットワーク

　Mobile IPでは，このHA経由によるトロンボーンルーチング（2.5節を参照）を避けるために，MNからCNに対してCoAを通知することにより，図11.10（b）に示すように，そのCoAをIPアドレスとするIPパケットを直接MNまで伝達するような最適ルーチング方式も採用されている．

　このように，Mobile IPは，移動管理をendのMN，HA，CNで行っており，前節で述べたインターネットアーキテクチャ原則であるEnd-to-End制御を厳密に守ろうとするIP移動管理方式である．

　しかしながら，このMobile IPにおける最適ルーチングをAll-IP移動通信ネットワークに適用とした場合に，これまで移動通信ネットワークが実現してきた移動端末の位置情報に関するプライバシーが守れないという大きな問題に遭遇する．すなわち，図11.10（b）から明らかなように，MNの移動先のリンクのアドレスであるCoAをCNに伝えることにより最適ルーチングを行うものであり，本方式に基づけば，MNとの間で通信を開始しようとする者なら誰でもMNの存在場所がそのCoAから知ることができてしまうのである．

　このロケーションプライバシーを保護する移動管理方式として，図**11.11**に示すように，MNの移動管理をネットワーク内に閉じて実現し，第三者に対してMNの位置を完全に隠ぺいする方式（エッジ移動管理方式）も提案されつつある[7]．

　本方式では，MNがホームエリアを離れて別の外部のエリアに移動すると，

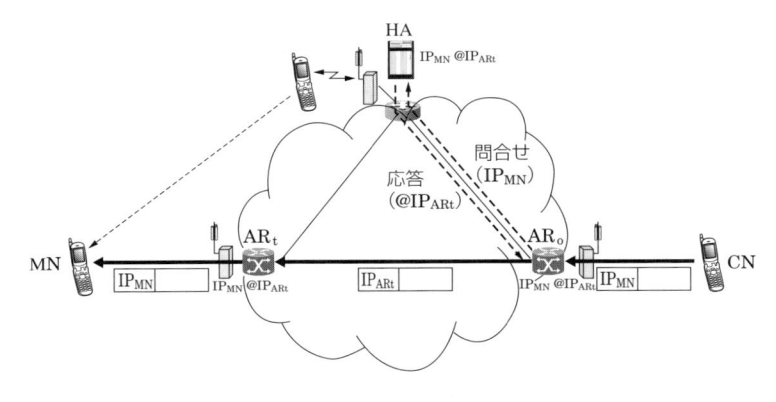

図**11.11**　エッジ移動管理方式

この外部エリアを制御するアクセスルータ（AR：Access Router, 図中AR_t）で，暫定的なルーチングアドレスIP_{ARt}を割り当て，その MN 自身に半永久的に割り当てられているノードアドレスIP_{MN}との関係（$IP_{MN}@IP_{ARt}$）を MN がその制御エリアに存在する限り記憶しておくとともに，HA にその関係（$IP_{MN}@IP_{ARt}$）を通知する．

その後，ある CN から MN 宛に IP パケットを送信する場合には，その CN の存在するエリアを制御するアクセスルータ（図中AR_o）から，まず MN の存在するエリアを制御するアクセスルータへのルーチングアドレスIP_{ARt}を HA に問い合わせ，AR_oはノードアドレスIP_{MN}との関係（$IP_{MN}@IP_{ARt}$）を記憶する．

以降，CN から MN までのすべての IP パケットは，IP アドレスを MN のノードアドレスIP_{MN}からルーチングアドレスIP_{ARt}にAR_oで変換して，AR_tまで伝達される．AR_tでは，自身の記憶する関係（$IP_{MN}@IP_{ARt}$）に基づいて，IP アドレスを MN のノードアドレスIP_{MN}に戻すことにより，IP パケットは MN まで送り届けられる．

このエッジ移動管理方式は，移動管理をネットワーク内のアクセスルータと HA で行っており，前節で述べた従来の移動通信ネットワークの原則であるネットワーク集中制御に従った IP 移動管理方式である．

このように，従来の移動通信パケット交換ネットワークと固定インターネットとの融合を目指した All-IP 移動通信ネットワークでは，移動端末に割り当てた IP アドレスに基づいてネットワーク集中制御に従った IP 移動管理方式をネットワークアーキテクチャの基本とすべきと考えられる．

参 考 文 献

（1）阪口克彦，"マスタリング TCP/IP 応用編，" オーム社，1998．
（2）並木淳治，"IPv6 - インターネット新世代 -，" 電子情報通信学会，2001．
（3）TTC 規格 JP-3GA-23.002, "Network Architecture."
（4）TTC 規格 JP-3GA-23.205, "Bearer-independent circuit-switched core network; stage 2."
（5）阪口克彦，"マスタリング TCP/IP - SIP 編 -，" オーム社，2002．
（6）寺岡文男，"詳解 Mobile IP，" ピアソン・エデュケーション，1998．
（7）T. Okagawa, K. Nishida and M. Yabusaki, "A Proposed mobility management for IP-based IMT network platform," IEICE Trans. Commun., vol. E88-B, no. 7, July 2005.

第 12 章

移動通信ネットワークの将来

　前章までは，第3世代移動通信ネットワークと，その発展形態であるIP移動通信ネットワークについて述べてきた．現在，移動通信研究分野では，次世代，すなわち第4世代移動通信技術の研究が進められている．一方，センサ，電子タグ，情報家電，などの技術発展に伴って，"いつでも"，"どこでも"，"何でも"，"誰でも"つながることを目標としたユビキタスネットワークの研究も進められている．

　本章では，これらの第4世代移動通信システム，ユビキタスネットワークにおける将来移動通信ネットワークの役割について述べる．

12.1　第4世代移動通信ネットワーク

　2001年に我が国において世界初の第3世代移動通信システムが商用化されて以来，世界各国で徐々に第3世代システムの商用化が進められ，ユーザが世界のどこからでも1移動端末を持ち歩いて電話のみならず，テレビ電話，インターネットアクセスを可能とする移動通信情報基盤が着実に形成されつつある．

　第1章において，第1世代から第3世代までの移動通信ネットワークの変遷を述べた．ここでは，図12.1に示すように，端末からネットワークにアクセスするデータ通信速度の観点から，第1世代から第3世代まで移動通信システムの能力がいかに向上したか，固定（有線）通信システムと対比しながら，

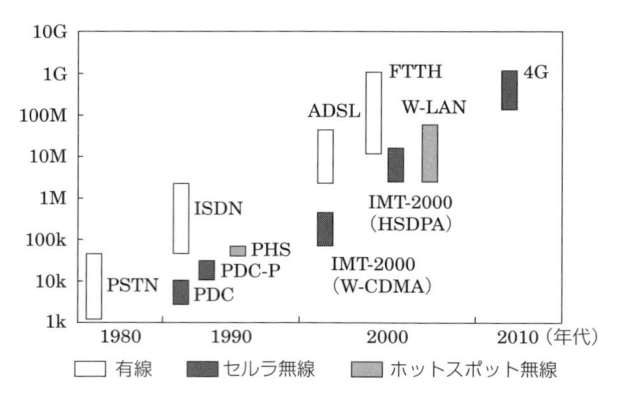

図 12.1　アクセス速度の向上変遷

振り返ってみよう.

　1980年代は，固定網では，PSTNにおいて，2.4 kbit/s程度のモデム通信から始まって56 kbit/s程度のモデム通信を実現し，ファクシミリやデータ通信を提供するに至った．第1世代移動通信システム (MCS) では，無線区間ではアナログ伝送をしており，見通しの良いエリアにおいて，"みなし"通信によりファクシミリを提供したが，品質が不十分であり，余り普及しなかった．

　1990年代になると，固定網では，ISDNにおいて，64 kbit/s，128 kbit/sから2Mbit/sまでの非制限ディジタル通信を実現し，テレビ電話やファイル転送が行われるようになり，インターネットへのダイヤルアップ接続により，インターネットの普及に弾みを付けた．第2世代移動通信システム (PDC) では，無線区間においてディジタル伝送されるようになり，無線品質が向上されるとともにデータの暗号化によりセキュリティも向上された．そのアクセス速度は，まず，回線交換通信により10数kbit/sを実現し，2.4～9.6 kbit/sまでのモデム通信が提供された．これにより，ファクシミリや，低速ながらインターネットへのダイヤルアップアクセスも可能になった．更に，パケット交換通信 (PDC-P) により30 kbit/s程度のアクセス速度を実現し，9.6～28.8 kbit/sまでのパケット通信，特にインターネットアクセスが提供されるようになった．また，このセルラ型の移動通信システムとは別に，無線ゾーンを小さくして移動能力を限定する，いわゆるホットスポット型の無線

アクセスシステム (PHS：Personal Handy phone System) が開発され，回線交換通信により32〜64 kbit/sの非制限ディジタル通信を実現し，ISDN同様，インターネットへのダイヤルアップ接続を提供している．

そして，2000年代になって，固定網では，ADSL (Asymmetrical Digital Subscriber Line) の商用化により，IPによるベストエフォート型のパケット通信ながら，2 Mbit/sから始まって現在では40 Mbit/sのアクセス速度を実現し，インターネットにおいてテキストから音響，静止画，動画と豊富なコンテンツを提供することを可能にした．更に，光ファイバによるFTTH (Fiber-To-The-Home) の商用化により，10 Mbit/sから始まって現在では100 Mbit/sの高速アクセスを提供し，徐々に一般家庭にも普及しつつある．第3世代通信システム (IMT-2000) では，まず，W-CDMA無線方式により，回線交換通信速度では64 kbit/s，パケット交換通信速度では384 kbit/s程度を実現し，テレビ会議やインターネットへのパケット通信アクセスを提供するようになった．更に，現在，その高速化としてHSDPA (High Speed Downlink Packet Access) が商用化されようとしており，ダウンリンク (ネットワーク→移動端末方向) において14 Mbit/s程度の速度を実現し，モバイルインターネットアクセスがより快適なものになる．また，ホットスポット型の無線アクセスシステムとしてW-LAN (Wireless Local Access Network) が商用化され，2 Mbit/sから始まって，現在では50 Mbit/sを超えるパケット通信アクセス速度を実現し，更には100 Mbit/sに届く勢いで開発が進められており，固定有線アクセスと同等のサービス品質を実現しようとしている．

このように，各年代において，セルラ型の移動通信システムの無線アクセス速度は固定有線アクセス速度に対して1〜2桁小さい速度を提供し次の年代において前の年代の固定有線アクセス速度を実現してきた．すなわち，移動通信システムの目標は，固定有線システムのアクセス速度を，移動通信ユーザがいつでも，どこでも，移動しながらでも享受できるようにするということであった．移動通信ネットワーク開発の観点からは，新世代移動通信システムにおけるより高速なアクセスを収容するためには，そのアクセス速度を固定網では既に実現している技術を採用すればよく，開発上の大きな問題は

なかった．しかし，固定網にはない低速トラヒック（例えば，4.1節に述べた低速音声）を効率良く伝達する必要があり，固定網の伝達技術に改良を加える必要があった（例えば，4.4節に述べたATM伝達におけるAALタイプ2方式）．

それでは，2010年代の第4世代移動通信システムは，どの程度のアクセス速度を実現するのであろうか．現在，移動通信研究分野においては，2010年代の移動通信社会を構築する第4世代移動通信の基礎研究が進められている．国際標準化も既に開始されており，現在は，10.4.1項で述べたITU-Rにおいて，第4世代移動通信システムで使用すべき周波数とその所要帯域の検討が行われている．これまでに，ITU-Rでは，第4世代移動通信システムをSystem beyond IMT-2000と称して，図12.2に示すような，目標とする通信アクセス速度と端末の移動速度の関係を定めている[1]．図12.2によれば，第4世代移動通信システムは，従来のセルラ型無線アクセスにおいて100 Mbit/s，ホットスポット型の無線アクセスにおいては1 Gbit/sを目標としている．すなわち，第4世代移動通信システムでは，現在のFTTHのアクセス速度を最低限実現しようとしているのである．この程度のアクセス速度であるならば，11.1節に述べたIPv6により伝達可能であろう．課題は，伝達速度幅が現在の第3世代移動通信（数kbit/s～10数Mbit/s）から一層大きくなる（数kbit/s～100 Mbit/s，1 Gbit/s）データをいかに効率良く，所要とされる通信品質を保障して伝達するかである．

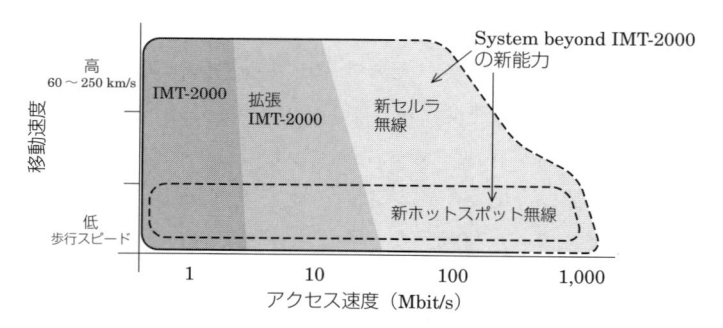

図12.2 第4世代システムにおける無線アクセス速度と移動端末の移動速度との関係の目標[1]

これまでは，世代ごとに無線ネットワークシステムとコアネットワーク全体を新規に開発してきた．言い換えれば，各世代の移動通信コアネットワークは，一つの無線ネットワークシステムのみ収容してきたのである．このようなネットワーク形態は非経済的であるため，今後の移動通信ネットワークは，11.4節に述べたAll-IP移動通信ネットワークを基盤として，図12.3に示すように，第4世代セルラ無線のみならず，第2世代，第3世代のセルラ無線，W-LAN，FTTH/ADSL，ディジタル放送，などの様々なアクセス系システムを収容すべきと考えられている[2]．この場合に，移動通信ネットワーク内の機能を可能な限り共通化し，各アクセス系との間で標準インタフェースを規定することにより，将来，どのような新しいアクセス系でも容易に接続可能とする移動通信ネットワークアーキテクチャをつくり上げることが重要である．第2世代，第3世代のセルラ無線のような既存のアクセス系は，その標準インタフェースに各々変換するインタワーク装置を通して接続されるであろう．そして，ユーザがどの各アクセス系間を移動してもシームレスにサービスを提供できるように，11.5節で述べたようなIP移動管理を実現する必要がある．

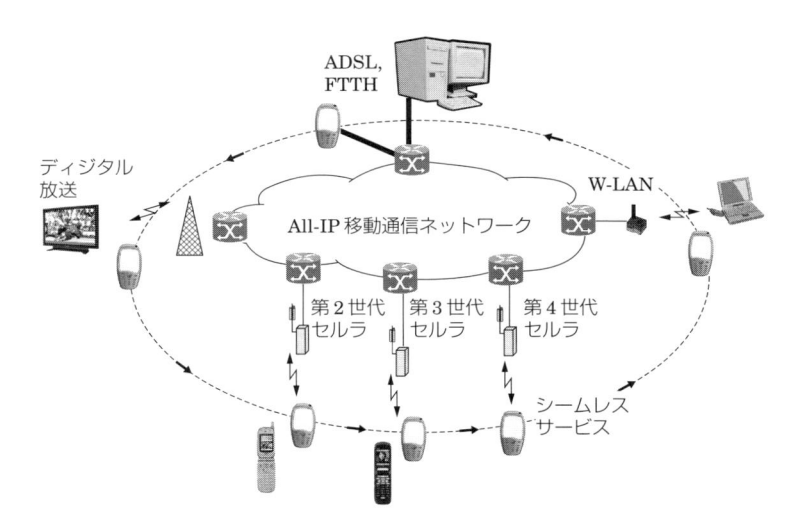

図12.3 様々なアクセス系を収容する将来移動通信ネットワーク

12.2 モバイルユビキタスネットワーク

現在，ネットワークを通して様々なサービスが提供され，人々の生活をより豊かにする"ユビキタスネットワーク社会"[3]–[6]の形成に向けて，情報通信技術のパラダイムシフト[7], [8]が着実に進められつつある．

"ユビキタス (ubiquitous)"とは，ラテン語で「至るところにある，偏在する」ということを意味する．ユビキタスネットワークとは，"いつでも"，"どこでも"，"何でも"，"誰でも"つながるネットワークである．"いつでも"とは，日常の生活において，オフィスや書斎などでの作業時以外でも，例えば，休息中，料理中，洗濯中，食事中，入浴中，外出中，待合せ中，などのあらゆる時間にネットワークにつながることである．同様に，"どこでも"とは，自宅でもオフィスでも，山でも海でも，歩行中でも乗り物の中でも，あらゆる場所においてネットワークにつながるということである．"何でも"というのは，パソコンだけではなく，テレビ，オーディオ機器，電子レンジ，エアコン，冷蔵庫，洗濯機といった家電自身が情報家電[9]として，野菜や書籍などに電子タグ[10]を付加して，更には，窓や戸口及び人体にセンサを付加して，ネットワークにつながることである．"誰でも"というのは，パソコンのようにある程度，操作方法に関する知識を必要とするのではなく，あらゆる人がストレスなく容易に操作することによりネットワークにつながるということである．

ユビキタスネットワークでは，人々がストレスなく様々なサービスを享受するために高速のデータ伝達が必要とされる．また，あらゆるものがネットワークに接続するために，それらを一意に識別するための多くのアドレスが必要とされる．

移動通信ネットワークは，第1章の冒頭で述べたように，"いつでも"，"どこでも"つながるネットワークである．移動通信ネットワークは，第11章で述べたように，アドレス数 $2^{128}=3.4\times10^{38}$ を収容可能とするIPv6に基づくIP移動通信ネットワークに発展しつつあり，"何でも"つながるネットワークになりつつある．また，移動通信ネットワークは，前節で述べたように，今後，更に高速の無線アクセスシステムを収容するために，ブロードバンド化が図

られている．移動端末は一般の人々が"誰でも"ストレスなく用いるようになり，特に我が国では，モバイルインターネットの爆発的な伸びの一因となった．現在，移動端末は，財布や腕時計と同じように，人々が特段の意識をすることなく"携帯"している．

　このように，移動通信ネットワークは，今後のユビキタスネットワーク社会の重要な基幹網となることは誰も異論がないであろう．"何でも"，"誰でも"つながるというのであれば，ブロードバンドのIPv6固定通信ネットワークで十分である．移動通信ネットワークでは，更に，"いつでも"，"どこでも"サービスを提供することが可能である．言い換えれば，将来の移動通信ネットワークは，その移動管理を生かしたサービスを提供できるように発展しなければならない．このような，移動管理を生かしたユビキタスサービスを提供するネットワークを"モバイルユビキタスネットワーク"と呼ぶことにしよう．

　現在，電子タグの技術が進展しつつあり，宅配便の各々の荷物に電子タグを貼り付け，荷物の居場所を管理することが可能になってきている．この場合，送信元の配送センタでこの電子タグの情報を読み出し，以降，途中の配送センタで荷物を載せかえるごとに電子タグを読み出すことにより，現在，どこの配送センタからどこの配送センタの間にあるのかトレースする．図**12.4**に示すように，この電子タグのリーダ機能を移動端末に搭載すると，このトレースの精度を移動端末の位置情報まで更に向上することができる．モバイルユビキタスネットワークでは，移動端末が読み出した電子タグの情報をネットワーク内に記憶する．言い換えれば，各々の電子タグがどの移動端末と一緒に移動しているかを管理するのである．こうすることにより，ある顧客から配送センタのオペレータに荷物の居場所に関する問合せが行われたとき，オペレータはモバイルユビキタスネットワークにアクセスして，まず，電子タグが一緒に移動する移動端末を調べ，その移動端末の居場所を3.4節に述べたパケット交換移動管理制御，または，7.2節に述べたロケーションサービス制御などに従って，移動端末の位置を調べることによって，顧客に荷物の居場所を知らせることが可能となる．図12.4の例では，顧客の荷物はトラックに積まれ，現在，大阪地域を運行中である．

　このような移動端末に付随して複数の"モノ"がグループになって移動す

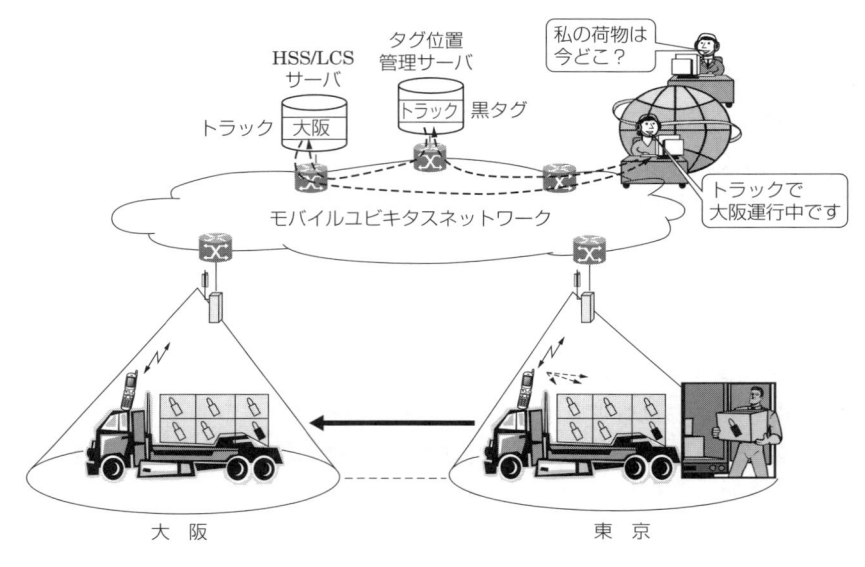

図 12.4 トレース

るほかの例としては，バスや電車といった公共輸送機関によって人間を運ぶ例があげられる．図**12.5**に，複数のユーザが移動端末やPCを持って観光バスで移動している例を示す．バス車内では，各ユーザは互いの移動端末とPCの間でネットワーク（これをアドホックネットワークと呼ぶ）を形成し，チャットなどで楽しんでいる．また，バス自身も移動端末機能を有し，アドホックネットワークはその移動端末機能をゲートウェイとしてモバイルユビキタスネットワークに接続する．バスが東京や京都の観光名所に近づくと，そのバスの移動位置に従って，モバイルユビキタスネットワークはその観光名所の案内をコンテンツサーバからバスの移動端末ゲートウェイを通してアドホックネットワークに接続している全ユーザに提供する．一方，バス内のあるユーザ（図中ユーザA）に対して外部のユーザ（図中ユーザB）が通信を行う場合には，まず，ユーザがバス内にいることを検索し，バスの存在場所を検索してバスに着信を行い，アドホックネットワークを通して目的のユーザに接続する．このように，アドホックネットワークの移動を管理する技術をMoving Networkと呼び，現在，各所で研究開発が進められている[11],[12]．

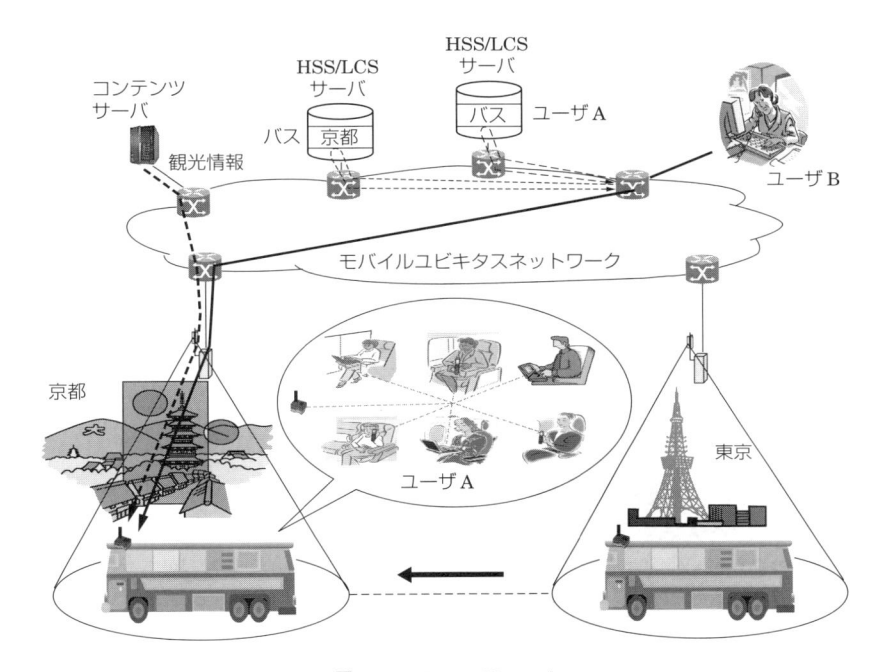

第12章 移動通信ネットワークの将来　　　　157

図 **12.5** Moving Network

　また，近年，携帯端末はディジタルカメラ，ディジタルビデオ，**FM**ラジオ，ディジタルテレビ，電子財布など，様々な機能が搭載されつつある．これらの機能は，屋外にて携帯しながら必要に応じて使用するのに便利である．しかし，屋内においては，やはり大画面，大スピーカ，音響マイクなどのAV機器を用いて高品質のコンテンツを楽しみたいものである．1台の移動端末を通して場所に応じた品質のコンテンツをシームレスに楽しむことができれば更に便利であろう．図**12.6**の例では，屋外を移動中に携帯電話を行っているユーザが帰宅したとき，通話を切断することなく，部屋の様々なAV機器を駆使してより高品質な通信として継続する例を示している．この場合，移動端末は，各AV機器と通信データを送受する標準インタフェースをサポートし，あたかもオーケストラの指揮者のようにAV機器を指揮することが必要である．また，モバイルユビキタスネットワークでは，ユーザの特定の居場所（図中の例では，自宅）において移動端末に接続するAV機器プロファイ

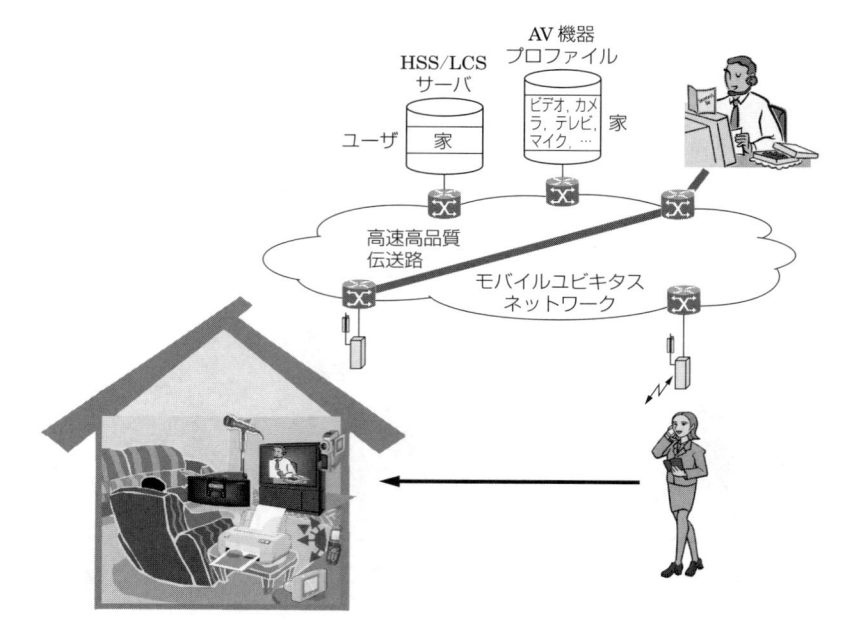

図 12.6　家電オーケストラ

ルを持つ．ユーザが帰宅すると，やはり，移動管理制御またはロケーションサービス制御などによって，モバイルユビキタスネットワークはユーザが自宅内に移動したことを検出し，AV機器プロファイルによって，ビデオ，カメラ，テレビ，マイクなどを使用して高品質な通信を行うようにするため，自動的またはユーザとの確認をとったうえで，高速で高品質に通信データを運ぶように伝送路を用意する．

　一方，冷蔵庫，エアコン，洗濯機，電子レンジといった家電製品もネットワークに接続し，移動端末からの遠隔監視，制御が可能になってきている．これらの情報家電をモバイルユビキタスネットワークに接続すると，一層の快適な生活が期待できる．図 12.7 の例では，ユーザがある地域 X にてオレンジを買おうかどうしようか考えている．ユーザは，まず，自宅の冷蔵庫にアクセスして，オレンジがまだあるかどうか確認する．冷蔵庫に，オレンジがないことを確認すると，今度は，コンシェルジュサーバに，安くておいしい

第12章　移動通信ネットワークの将来　　　　　　　　**159**

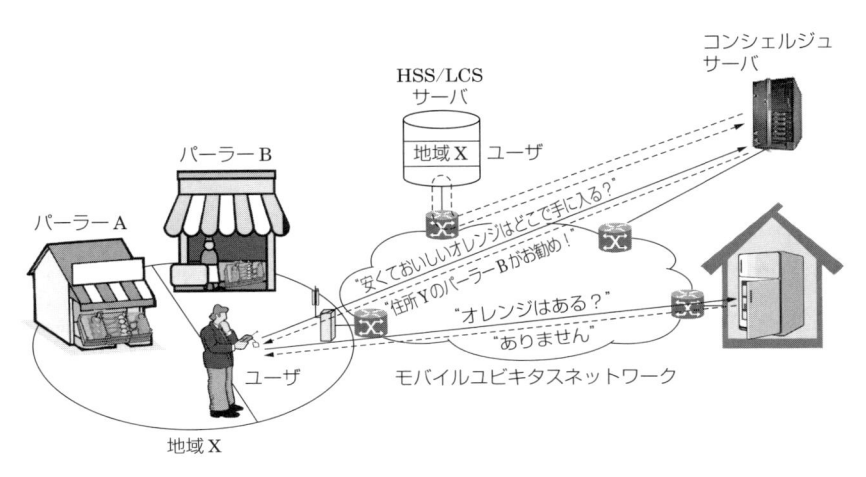

図**12.7**　コンシェルジュ

　オレンジを売っている店を尋ねる．コンシェルジュサーバは，ユーザの移動端末の位置からユーザが地域Xに存在することを検出し，近くの住所YにあるパーラーBを薦める．モバイルユビキタスネットワークでは，移動管理とコンシェルジュサーバの組合せにより，移動端末の居場所及び周りの"モノ"の位置関係から，買物や緊急時まで様々な日常の行動アドバイスをコンシェルジュのように行うことが可能になる．

　このように，モバイルユビキタスネットワークは，人々の日常生活をより豊かに，快適に，そして安全なものとするための基盤として日々発展し続けなければならない．

参 考 文 献

（1）ITU-R Rec. M. 1645, "Framework and overall objectives of the future development of IMT-2000 and systems beyond IMT-2000," 2003.
（2）ITU-T Rec. Q. 1702, "Long-term vision of network aspects for system beyond IMT-2000," 2002.
（3）総務省，"平成16年版情報通信白書—世界に広がるユビキタスネットワーク社会の構築，"ぎょうせい，2004.
（4）野村総合研究所，"ユビキタス・ネットワーク，"野村総合研究所，2000.
（5）野村総合研究所，"ユビキタス・ネットワークと新社会システム，"野村総合研究所，2002.

（6） 野村総合研究所，"ユビキタス・ネットワークと市場創造，"野村総合研究所, 2002.
（7） ユビキタスネットワーキングフォーラム，"ユビキタスネットワーク戦略，"クリエイト・クルーズ, 2002.
（8） 弓場英明，三宅 功，斎藤 洋，"ユビキタスサービスネットワーク技術，"オーム社, 2003.
（9） 丹 康雄 監修，宅内情報通信高度化フォーラム 編，"ホームネットワークと情報家電，"オーム社, 2004.
（10） 荒川弘熙，"ユビキタス社会を実現するRFID技術, ICタグって何だ？，"カットシステム, 2003.
（11） V. Devarapalli, R. Wakikawa, A. Petrescu and P. Thubert, "Nemo basic support protocol," Internet Draft: draft-ietf-nemo-basic-support-03.txt, June 2004.
（12） T. Suzuki, K. Igarashi, A. Miura and M. Yabusaki, "Care-of-prefix routing for moving networks," IEICE Trans. Commun., vol. E88-B, no. 7, July 2005.

あとがき

　本書を著述しようと思った一番の動機は，これまで移動通信に関する多くの著書が出版されているにもかかわらず，それらはすべて無線技術主体であり，移動通信ネットワーク技術がシステムの一要素としての概説にとどまり，著者自身，移動通信ネットワークの研究開発に従事しはじめたときに，短時間で十分な移動通信ネットワーク基本技術を学ぶことができなかったことである．これまで，移動通信ネットワークエンジニアを志す人々にとっては，企業の研究所や開発部に所属してから，社内の設計要項や莫大な量の標準仕様書を手当たり次第に読むしか技術習得方法がなかった．これらの資料はあくまで，あるネットワークの設計書であり，そのネットワークの根底となる考え方や技術，背景などを理解することは難しい．このことが，理工学系の学部生や大学院修士，博士課程の学生が，ネットワークエンジニアへの道に進む大きな障壁になっているのではないかという憂いを著者は持っていた．本書がその障壁を取り除く一手段として活用されたら幸いである．そして，その障壁を乗り越えた移動通信ネットワークエンジニアの方々には，更に詳細な標準仕様書を熟読して頂き，今後の移動通信ネットワークの研究開発を進めて頂きたい．

　また，本書の著述にあたっては，著者単独の執筆とするか，他の移動通信ネットワークエンジニアの方々に依頼をして編著，共著とするか迷った．編著の場合には，移動通信ネットワークの様々な分野の一線で活躍する方々に執筆をお願いすることにより広範囲をカバーできる一方，分野ごとに技術レベルと範囲，記述法が発散してしまい，読者にとっては読みにくくなってしまうという欠点がある．そこで，本書では，著者のこれまでの経験に基づいて移動通信ネットワークエンジニアとして最も重要となる分野に関して，私見も含めて単独執筆することとした．そのうえで，記述の正確性を確認するために，NTTドコ

モ研究開発本部の三木睦丸担当部長，古川 誠担当部長，本郷節之担当部長，杉山武志主任研究員，岡川隆俊担当課長，神津和志主査，楠瀬賢也主査，谷本茂雄主査，川上 博研究主任，野口勝広社員，ARIB佐藤孝平理事，TTC丸山康夫部長ほか，多くの方々に記述内容の精査をして頂いた．この場を借りてこれらの方々に御礼を申し上げたい．

　最後に，本書の執筆にあたり心身ともに陰に陽に著者を支えてくれた家族に感謝を表する．

索　　引

あ

アクセスルータ ……………………148
アドホックネットワーク …………156
アドレス確認メッセージ ……………18
アドレス完了メッセージ ……………18
アドレスメッセージ …………………18
アプリケーションインタフェース ………118
暗号キー ………………………………69

い

位相推移変調 …………………269, 311
位相制御ループ ………………285, 326
位相速度 …………………………47, 49
位相中心 ……………………………197
位相定数 …………………………45, 48
位相停留点 ………………………90, 100
位相変調 ………………………268, 269
位相変動 ……………131, 292, 325
位置更新 ……………………………21
一次放射器 ………………………191, 197
位置登録 ……………………………4, 21
位置登録エリア ……………………5, 50
位置登録制御 ………………………21
一様分布 ………………129, 225, 229
一斉呼出 ………………………5, 19, 36
移転（リロケーション） ……………40
移動国コード …………………………63
移動サービス交換局 …………………16
移動端末 ………………………14, 16
移動端末識別子 ………………………63
移動端末識別番号 ……………………63
移動端末装置識別子 ………………64, 65

移動端末番号 …………………………58
移動通信サービス識別番号 …………60
移動通信ネットワーク …………………1
移動通信ユーザプロファイル ………17
移動ネットワークコード ……………63
移動無線通信端末 ……………………3
移動ユビキタスネットワーク ………11
インターネット ………………29, 135
インタフェース ……………………101
インタリーブ ………………………261
インテグリティキー ……………73, 78
インピーダンス整合 …………145, 154

え

エッジ移動管理方式 …………………147

お

欧州連合 ……………………………132
応答確認メッセージ …………………20
応答メッセージ …………………18, 20
愚かな網 ……………………………145
音信蓄積サービス ……………………80

か

回線交換 ……………………………13
回線交換位置登録 ……………………52
回線交換移動管理 ……………………21
回線交換機間インタフェース
　信号方式 ……………………110
回線交換ネットワーク ………………13
回線交換発着信制御 …………………17
開　封 ………………………………32
解放完了メッセージ …………………20

解放メッセージ……………………20
仮想ホーム環境……………………81
仮想ホーム環境サービス制御………80
家電オーケストラ…………………158
加入者番号…………………………59
仮移動端末識別子…………………71

き

期待される応答……………………73
期待されるメッセージ認証コード…76
基地局………………………………14
旧在圏網……………………………27
共通線信号プロセッサ…………115, 119

く

国コード……………………………59
クロスバ交換機……………………60

こ

呼……………………………………18
交換機………………………………14
合成トランク………………………116
国際勧告 E.213……………………58
国内宛先コード……………………59
国内移動端末識別番号……………64
呼経過メッセージ………………18, 20
呼処理プロセッサ…………………114
個人移動能力………………………2
コネクションオリエンテッド転送制御
　……………………………………108
コネクションレス……………109, 136
コールウェイティングサービス……80
コンシェルジュサーバ……………158
コンテンツ…………………………44
コンテンツプロバイダ……………44
梱包…………………………………32
コンポーネント処理………………112

さ

サービスエリア……………………3
サービストランク…………………117
三者通話サービス…………………80

し

識別子機密…………………………71
自動車電話交換機…………………7
シームレス…………………………153
社団法人情報通信技術委員会……125
社団法人電波産業会………………126
準地域無指定方式…………………60
情報家電………………………149, 154
ショートメッセージサービス………95
信号トランク………………………116
信号プロトコル……………………102
信号方式……………………………101

す

ストリーミングサービス…………139

せ

制御トレーラ………………………55
セキュリティ脅威…………………66
セキュリティネットワーク
　アーキテクチャ…………………68
セッション…………………………140
セッション制御プロトコル………141
切断メッセージ……………………20
セル…………………………………54
全権委員会…………………………128

そ

相互接続ネットワークモデル……25
ソフトウェア版数…………………65
ソフトハンドオーバ……………23, 39

た

第1世代移動通信システム………8
代行課金……………………………44
大都市用・中小都市用方式………59
第2世代移動通信システム………8
タイプ1……………………………55
タイプ2……………………………56
タイプ5……………………………55
タイプ割当コード…………………65
大容量方式システム………………60
第4世代移動通信ネットワーク…149

対話処理 …………………………………… 112
端末移動能力 …………………………………… 2

ち

地域指定方式 …………………………………… 60
地域無指定方式 …………………………………… 61
知的網 …………………………………… 145
着信在圏網 …………………………………… 26
着信転送サービス …………………………………… 80
着信ホーム網 …………………………………… 26

て

データベースプロセッサ …………………… 119
テレビ電話 …………………………………… 45
電気通信開発部門 …………………………… 128
電気通信標準化部門 ………………………… 128
電子タグ …………………………… 149, 154, 155
電子メール …………………………………… 45
伝達制御 …………………………………… 137

と

匿名キー …………………………………… 75
トランスコーダ …………………………………… 46
トロンボーンルーチング …………………… 27
トンネリング制御 …………………………………… 33

に

認　証 …………………………………… 72
認証とキー管理フィールド ………………… 74
認証トークン …………………………………… 73
認証ベクトル …………………………… 71, 73

は

パケット …………………………………… 9, 30
パケット位置登録 …………………………… 38
パケット交換 …………………………………… 30
パケット交換移動管理 ……………………… 37
パケット交換機間インタフェース
　　信号方式 …………………………………… 110
パケット交換発着信制御 …………………… 34
パケット交換ルーチングエリア登録 …… 52
パケット通信機 …………………………………… 31
パケットデータ網 …………………………… 31

発信在圏網 …………………………………… 26
発信ホーム網 …………………………………… 26
ハードハンドオーバ ………………………… 23
番号計画 …………………………………… 59
番号ポータビリティ ………………………… 61
ハンドオーバ …………………………………… 6
ハンドオーバ制御 …………………… 23, 39

ひ

秘　匿 …………………………………… 76
秘匿キー …………………………………… 73
秘密キー …………………………………… 74
標準化 …………………………………… 122
標準化機関パートナ ………………………… 130
標本化定理 …………………………………… 15
平文ブロック …………………………………… 76

ふ

プレゼンスサービス ………………………… 143
プロキシ …………………………………… 44

へ

ベアラサービス …………………………………… 80
ベアラ制御 …………………………………… 137
ページング …………………………… 19, 36
ベストエフォート型 ………………………… 151

ほ

放送・同報サービス ………………………… 87
放送・同報サービス制御 …………………… 87
放送・同報サービスセンタ ………………… 89
保守運用プロセッサ …………………… 115, 119
ポータルWebサーバ ………………………… 44
ホットスポット型 …………………………… 150

ま

マルチコール制御 …………………………… 49
マルチメディア伝達制御 …………………… 53
マルチメディアネットワーク ……………… 45

み

みなし通信 …………………………………… 150

む

無線インタフェース ……………………103
無線インタフェース信号方式 …………104
無線基地局 ………………………………3
無線ゾーン ………………………………3
無線通信部門 ……………………………128

め

メッセージサービス ……………………96
メッセージサービス制御 ………………95
メッセージ認証コード …………………75

も

モバイルインターネットアクセス ……43
モバイルユビキタスネットワーク ……154

ゆ

ユビキタス ………………………………154
ユビキタスネットワーク社会 …………154

よ

呼出メッセージ …………………………18, 20

ら

乱　数 ……………………………………73, 74

り

リソース管理プロセッサ ………………114

る

ルータ ……………………………………137
ルーチング ………………………………19, 136
ルーチングエリア ………………………37, 50
ルーチングエリア登録 …………………38
ルーチング情報 …………………………19

れ

レイヤ1（物理レイヤ） …………………102
レイヤ2（リンクレイヤ） ………………102
レイヤ3（ネットワークレイヤ） ………102
レイヤ4（トランスポートレイヤ） ……102
レイヤ5（セッションレイヤ） …………102
レイヤ6（プレゼンテーションレイヤ） …102
レイヤ7（アプリケーションレイヤ） …103
連結移動管理 ……………………………50
連続番号 …………………………………65, 74

ろ

ロケーションサービス …………………84
ロケーションサービス制御 ……………84
ロケーションレジスタ …………………3
ローミング ………………………………8, 26
ローミング番号 …………………………19, 62

索　引

A

ADSL（Asymmetrical Digital Subscriber Line） ………29
AK_i（Anonymity Key i） ………75
All-IP 移動通信ネットワーク ………11, 144
AMF（Authentication and key Management Field） ………74
AMPS（Advanced Mobile Phone Service） ………9
AMR（Adaptive Multi-Rate） ………45
ANSI（American National Standards Institute） ………123
ANSI-41 ………9, 123
API（APplication Interface） ………118
AR（Access Router） ………148
ARIB（Association of Radio Industries and Businesses） ………126, 127
AS（Application Server） ………140
ATIS（Alliance for Telecommunications Industry Solutions） ………130
ATM（Asynchronous Transfer Mode） ………15, 54
ATM アダプテーション ………55
$AUTN_i$（AUthentication TokeN i） ………73
AV_i（Authentication Vector i） ………73

B

BABT ………65
BEARER ………77
BGCF（Breakout Gateway Control Function） ………140
B-ISDN（Broadband-ISDN） ………54
B-ISUP（Broadband-ISDN User Part） ………110
B-ISUP レイヤ ………110
BM-SC（Broadcast Multicast-Service Center） ………89

C

C（Control） ………104
C プレーン ………104
Call ………18

CAMEL

CAMEL（Customized Applications for Mobile network Enhances Logic） ………81
CAP（CAMEL Application Part） ………112
CAP サブレイヤ ………112
CC（Call Control） ………105
CC（Country Code） ………59
CCSA（China Communications Standards Association） ………130
CC サブレイヤ ………105
CK_i（Cipher Key i） ………73
CLAD（CeLl Assembly and Deassembly） ………117
CLP（CaLl control Processor） ………114
CMP（CoMPosit trunk） ………116
CN（Core Network） ………16
CN（Correspondent Node） ………146
CN 内インタフェース ………103
CoA（Care-of-Address） ………146
CODEC（COder and DECoder） ………47
COUNT-C（COUNT-Ciphering） ………77
COUNT-I（COUNT-Integrity） ………79
CPS パケット ………56
CSCF（Call Session Control Function） ………140
CSP（Common channel Signaling Processor） ………115, 119

D

DBP（DataBase Processor） ………119
DIRECTION ………77, 79

E

Enabler ………132
End-to-End ………145
ETSI（European Telecommunications Standards Institute） ………130
EU（European Union） ………132

F

FPLMTS（Future Public Land Mobile Telecommunication Systems） ………10, 128
FRESH ………79
FTTH（Fiber-To-The-Home） ………29

G

G（Gateway） ……………………………117
G-ATM 交換機 ………………………………117
GGSN（Gateway GSN）………………………32
GMLC（Gateway Mobile Location
　　Center）……………………………………85
GMM（GPRS Mobility Management）
　　……………………………………………106
GMSC（Gateway MSC）……………………16
GMSC Server ………………………………137
GPRS（General Packet Radio Service）
　　……………………………………………31
gprsSSF ………………………………………82
GPS（Global Positioning System）………85
GSM（Global System for Mobile
　　communications）…………………9, 123
gsmSCF ………………………………………82
gsmSRF ………………………………………82
gsmSSF ………………………………………82
GSN（GPRS Support Node）………………31
GTP-C（GPRS Tunneling Protocol-Control
　　plane）……………………………………110
GTP-U（GPRS Tunneling Protocol-User
　　plane）……………………………………109
GTP-U サブレイヤ …………………………109

H

HA（Home Agent）…………………………146
HSDPA（High Speed Downlink Packet
　　Access）…………………………………151
HSS（Home Subscriber Server）…………16
HSS-交換機間インタフェース信号方式
　　……………………………………………111

I

IESG（Internet Engineering Steering
　　Group）……………………………………133
IETF（Internet Engineering Task Force）
　　……………………………………………133
IK$_i$（Integrity Key i）…………………73, 78
IM（Instant Messaging）…………………139
IMEI（International Mobile station
　　Equipment Identity）……………………65
IMS（IP Multimedia Subsystem）
　　……………………………………11, 135, 140
IMSI（International Mobile Station
　　Identity）…………………………………58
IMT（International Mobile
　　Telecommunications）……………123, 128
IMT-2000 ………………………………10, 123, 128
IMT-2000 ファミリ …………………………128
IMT-2000 ファミリコンセプト ……………10
IN（Intelligent Network）……………81, 145
INVITE ………………………………………141
IP（Internet Protocol）……11, 109, 135, 136
IP 移動通信ネットワーク …………………135
IP リアルタイムマルチメディア
　　サービス制御 ……………………………139
IP^2（IP-based IMT Platform）……………126
IPU（IP Multiplex Unit）…………………117
IPv4 …………………………………………136
IPv6 …………………………………………136
ISDN（Integrated Services Digital
　　Network）…………………………………16
ITU（International Telecommunication
　　Union）……………………………10, 58, 127
ITU 勧告 E.163 ………………………………59
ITU 勧告 E.164 ………………………………59
ITU-D（ITU Development sector）………128
ITU-R（ITU Radiocommunication
　　sector）…………………………………128
ITU-T（ITU Telecommunication
　　standardization sector）………………128
IWMSC（InterWorking MSC）……………96

K

K ………………………………………………74
KEYSTREAM ブロック ……………………76

L

LA（Location Area）…………………………50
LCS（LoCation Service）……………………84
LCS クライアント ……………………………84
LCS サーバ …………………………………85
LENGTH ………………………………………77

M

MAC（Medium Access Control） ……… 105
MAC サブレイヤ …………………………… 105
MAC$_i$（Message Authentication Code i）
　…………………………………………………… 75
MAC-I（Message Authentication
　Code-Integrity） ……………………………… 78
MAP（Mobile Application Part） ……… 111
MAP サブレイヤ …………………………… 111
MBMS（Multimedia Broadcast／Multicast
　Service） ………………………………………… 87
MCC（Mobile Country Code） ……………… 63
MCS（Mobile Communication
　System） ………………………………………… 8
MGCF（Media Gateway Control
　Function） …………………………………… 140
MGW（Media GateWay） ………………… 137
MGW（Media GateWay function） …… 140
MM（Mobility Management） …………… 105
MM サブレイヤ ……………………………… 105
MMS（Multimedia Messaging Service）
　…………………………………………………… 99
MN（Mobile Node） ………………………… 146
MNC（Mobile Network Code） ……………… 63
Mobile IP ……………………………………… 146
Moving Network …………………………… 156
MRFC（Multimedia Resource Function
　Controller） …………………………………… 140
MRFP（Multimedia Resource Function
　Processor） …………………………………… 140
MS（Mobile Station） ……………………… 16
MSC（Mobile-services Switching Center）
　…………………………………………………… 16
MSC Server ………………………………… 137
MSIN（Mobile Station Identification
　Number） ……………………………………… 64
MSISDN（Mobile Station ISDN
　Number） ……………………………………… 57
MSRN（Mobile Station Roaming
　Number） ……………………………………… 58
MT（Mobile Termination） ………………… 31
MTP-3b（Message Transfer Part
　level 3-b） …………………………………… 108

N

NDC（National Destination Code） ……… 59
NMSI（National Mobile Station Identity）
　…………………………………………………… 64
NMT（Nordic Mobile Telephone） ………… 9
Node-B …………………………………………… 16
No.7 共通線信号方式 ……………………… 108

O

OMA（Open Mobile Alliance） ………… 132
OMP（Operation and Maintenance
　Processor） …………………………… 115, 119
Organizational Partner ………………… 130
OSI（Open Systems Interconnection）
　………………………………………………… 102

P

PDC（Personal Digital Cellular） …… 8, 123
PDC 方式 ………………………………………… 8
PDCP（Packet Data Convergence
　Protocol） …………………………………… 107
PDCP サブレイヤ ………………………… 107
PDN（Packet Data Network） …………… 31
Peer-to-Peer 通信 ………………………… 135
Personal Mobility …………………………… 2
PGU（Packet Gateway Unit） …………… 117
PHS（Personal Handy phone System）
　………………………………………………… 151
PLMN（Public Land Mobile Network）
　…………………………………………………… 16
PoC（Push-to-talk over Cellular） …… 142
PP（PleniPotentiary conference） ……… 128
PSTN（Public Switched Telephone
　Network） ……………………………………… 16
PSU（Packet Subscriber Unit） ………… 117
PVC（Permanent Virtual Channel） … 109

Q

QoS（Quality of Service） ………………… 135

R

RA（Routing Area） ………………………… 50
RAN（Radio Access Network） ………… 131

RANAP レイヤ ……………………108
RAND$_i$（RANDom number i）………73, 74
RLC（Radio Link Control）……………105
RLC サブレイヤ ……………………105
RMP（Resource Management
　　Processor）………………………115
RNC（Radio Network Controler）………16
RNS（Radio Network System）…………16
RNS-回線交換 CN 間インタフェース
　　………………………………… 103
RNS-回線交換 CN 間インタフェース
　　信号方式 ……………………………107
RNS-パケット交換 CN 間インタフェース
　　………………………………… 104
RNS-パケット CN 間インタフェース
　　信号方式 ……………………………108
RNS-CN 間インタフェース ……………103
router ……………………………………137
routing …………………………………136
RRC（Radio Resource Control）…………105
RRC サブレイヤ ……………………105

S

S（Serving） ……………………………117
S-ATM 交換機 …………………………117
SCCP（Signaling Connection Control
　　Part）………………………………108
SCF（Service Control Function）…………81
SCP（Service Control Point）……………81
SDH（Synchronous Digital Hierarchy）
　　………………………………… 108
SDO（Standards Development
　　Organization）……………………130
SGSN（Serving GSN）…………………32
SIG（SIGnaling trunk）………………116
SIP（Session Initiation Protocol）………141
SM（Session Management）……………106
SM サブレイヤ ………………………106
SMS（Short Message Service）……………96
SMS-C（Short Message Service Center）
　　………………………………… 96
SN（Subscriber Number）………………59
SNR（Serial NumbeR）…………………65
SQN$_i$（SeQuential Number i）…………74

SRF（Specialized Resource Function）
　　………………………………… 82
SSCF-NNI（Service Specific Convergence
　　Function-Network Network Interface）
　　………………………………… 108
SSCOP（Service Specific Connection
　　Oriented Protocol）………………108
SSF（Service Switching Function）………82
Stage1 ……………………………………123
Stage2 ……………………………………124
Stage3 ……………………………………124
STM（Synchronous Transfer Mode）……15
Stupid Network …………………………145
SVC（Switched Virtual Channel）………109
SVN（Software Version Number）………65
SVT（SerVice Trunk）…………………117

T

TAC（Type Allocation Code）……………65
TACS（Total Access Communication
　　System）……………………………9
TCAP（Transaction Capabilities
　　Application Part）…………………111
TCAP サブレイヤ ……………………111
TCP（Transmission Control Protocol）
　　………………………………… 136
TCP/IP……………………………………133
TE（Terminal Equipment）………………31
TEID（Tunnel Endpoint IDentifier）……33
Terminal Mobility…………………………2
TIA（Telecommunications Industry
　　Association）………………………132
TMSI（Temporary Mobile Station
　　Identity）……………………………71
TSG（Technical Specification Group）
　　………………………………… 130
TTA（Telecommunications Technology
　　Associations）………………………130
TTC（the Telecommunication Technology
　　Committee）………………………126

U

U（User）………………………………104
U プレーン………………………………104

ubiquitous ……154
UDP (User Datagram Protocol) ……109
USIM (Universal Subscriber Identity Module) ……64

V

VAS (Value Added Service) ……99
VHE (Virtual Home Environment) ……81
VLR (Visitor Location Register) ……16
VoIP (Voice over IP) ……135, 139
VSELP (Vector Sum Excited Linear Prediction) ……47

W

WARC (World Administrative Radio Conference) ……128
WARC-92 ……128
Web アクセス ……45

WG (Working Group) ……131
W-LAN (Wireless Local Access Network) ……151

X

$XMAC_i$ (eXpected MAC i) ……76
XMAC-I (eXpected MAC-I) ……78
$XRES_i$ (eXpected RESponse i) ……73

μ

μ-law PCM (Pulse Code Modulation) ……45

数字

3GPP (3rd Generation Partner Project) ……130
3GPP2 ……131

―― 著者略歴 ――

薮崎 正実(やぶさき まさみ)

NTTドコモ研究開発企画部担当部長．工博．

昭59早大大学院理工学研究科博士前期了．同年日本電信電話公社に入社．衛星搭載交換機，移動通信交換機，第2世代及び第3世代移動通信ネットワーク制御，All‐IP移動通信ネットワーク制御，などの研究開発及び国際標準化に従事．この間，平10～12ドコモヨーロッパ（株）社長．ITU‐Tにて移動通信関連信号方式のラポータ，3GPP TSG‐CNにて副議長，TTCにてIP^2委員会委員長，本学会にてモバイルマルチメディア通信研究委員会委員長及び通信ソサイエティ論文特集号編集委員長，など．本学会篠原記念学術奨励賞，TTC功労賞，日本ITU協会国際活動奨励賞及び功績賞，などを受賞．

移動通信ネットワーク技術
Mobile Network Technologies

平成17年 6月 1日 　 初版第1刷発行	編 者	㈳電子情報通信学会
	発行者	家 田 信 明
	印刷者	山 岡 景 仁
	印刷所	三美印刷株式会社
		〒116-0013 東京都荒川区西日暮里5-9-8
	制 作	株式会社 エヌ・ピー・エス
		〒111-0051 東京都台東区蔵前2-5-4北条ビル

Ⓒ 社団法人 電子情報通信学会 2005

発行所　社団法人　電子情報通信学会
〒105-0011　東京都港区芝公園3丁目5番8号（機械振興会館内）
電　話　(03)3433-6691(代)　　振替口座　00120-0-35300
ホームページ　http://www.ieice.org/

取次販売所　株式会社　コロナ社
〒112-0011　東京都文京区千石4丁目46番10号
電　話　(03)3941-3131(代)　　振替口座　00140-8-14844
ホームページ　http://www.coronasha.co.jp

ISBN 4-88552-212-9　　　　　　　　　　　　　　　Printed in Japan